PESQUISA QUALITATIVA EM EDUCAÇÃO MATEMÁTICA

◫ COLEÇÃO TENDÊNCIAS EM EDUCAÇÃO MATEMÁTICA

PESQUISA QUALITATIVA EM EDUCAÇÃO MATEMÁTICA

Marcelo de Carvalho Borba
Jussara de Loiola Araújo (Orgs.)

Dario Fiorentini
Antonio Vicente Marafioti Garnica
Maria Aparecida Viggiani Bicudo

6ª edição
3ª reimpressão

autêntica

Copyright © 2003 Os autores
Copyright © 2003 Autêntica Editora

Todos os direitos reservados pela Autêntica Editora Ltda. Nenhuma parte desta publicação poderá ser reproduzida, seja por meios mecânicos, eletrônicos, seja via cópia xerográfica, sem a autorização prévia da Editora.

COORDENADOR DA COLEÇÃO TENDÊNCIAS EM EDUCAÇÃO MATEMÁTICA
Marcelo de Carvalho Borba
gpimem@rc.unesp.br

CONSELHO EDITORIAL
Airton Carrião/Coltec-UFMG; Arthur Powell/ Rutgers University;
Marcelo Borba/UNESP; Ubiratan D'Ambrosio/ UNIBAN-SP/USP/UNESP;
Maria da Conceição Fonseca/UFMG.

EDITORAS RESPONSÁVEIS
Rejane Dias
Cecília Martins

REVISÃO
Rosemara Dias dos Santos

PROJETO GRÁFICO DE CAPA
Diogo Droschi

DIAGRAMAÇÃO
Waldênia Alvarenga
Camila Sthefane Guimarães

Dados Internacionais de Catalogação na Publicação (CIP)
(Câmara Brasileira do Livro, SP, Brasil)

Fiorentini, Dario
Pesquisa qualitativa em educação matemática / Dario Fiorentini, Antonio Vicente Marafioti Garnica, Maria Aparecida Viggiani Bicudo ; Marcelo de Carvalho Borba, Jussara de Loiola Araújo (orgs.). -- 6. ed. 3. reimp -- Belo Horizonte : Autêntica, 2025. -- (Tendências em educação matemática / coordenação Marcelo de Carvalho Borba)

Bibliografia
ISBN 978-85-513-0589-8

1. Ensino superior 2. Matemática - Estudo e ensino 3. Pesquisa - Projeto 4. Pesquisa educacional 5. Pesquisa qualitativa - Metodologia I. Garnica, Antonio Vicente Marafioti. II. Bicudo, Maria Aparecida Viggiani. III. Borba, Marcelo de Carvalho. IV. Araújo, Jussara de Loiola. V. Título VI. Série.

20-32887 CDD-510.7

Índices para catálogo sistemático:
1. Pesquisa qualitativa : Educação em matemática 510.7
Maria Alice Ferreira - Bibliotecária - CRB-8/7964

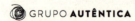

Belo Horizonte
Rua Carlos Turner, 420
Silveira . 31140-520
Belo Horizonte . MG
Tel.: (55 31) 3465 4500

São Paulo
Av. Paulista, 2.073
Horsa I . Salas 404-406 . Bela Vista
01311-940 . São Paulo . SP
Tel.: (55 11) 3034-4468

www.grupoautentica.com.br
SAC: atendimentoleitor@grupoautentica.com.br

Nota do coordenador

A produção em Educação Matemática cresceu consideravelmente nas últimas duas décadas. Foram teses, dissertações, artigos e livros publicados. Esta coleção surgiu em 2001 com a proposta de apresentar, em cada livro, uma síntese de partes desse imenso trabalho feito por pesquisadores e professores. Ao apresentar uma tendência, pensa-se em um conjunto de reflexões sobre um dado problema. Tendência não é moda, e sim resposta a um dado problema. Esta coleção está em constante desenvolvimento, da mesma forma que a sociedade em geral, e a, escola em particular, também está. São dezenas de títulos voltados para o estudante de graduação, especialização, mestrado e doutorado acadêmico e profissional, que podem ser encontrados em diversas bibliotecas.

A coleção Tendências em Educação Matemática é voltada para futuros professores e para profissionais da área que buscam, de diversas formas, refletir sobre essa modalidade denominada Educação Matemática, a qual está embasada no princípio de que todos podem produzir Matemática nas suas diferentes expressões. A coleção busca também apresentar tópicos em Matemática que tiveram desenvolvimentos substanciais nas últimas décadas e que podem se transformar em novas tendências curriculares dos ensinos fundamental, médio e superior. Esta coleção é escrita por pesquisadores em Educação Matemática e em outras áreas da Matemática, com larga experiência docente, que pretendem estreitar as interações entre a Universidade – que produz pesquisa – e os diversos cenários em que se realiza essa educação. Em alguns livros, professores da educação básica se tornaram também autores. Cada livro indica uma extensa bibliografia na qual o leitor poderá buscar um aprofundamento em certas tendências em Educação Matemática.

Neste livro, apresentamos algumas das principais tendências da Pesquisa Qualitativa desenvolvida em Educação Matemática. Essa visão de pesquisa está baseada na ideia de que há sempre um aspecto subjetivo no conhecimento produzido. Não há, nessa visão, neutralidade no conhecimento que se constrói. Essa modalidade tem se tornado bastante forte em Educação Matemática: por exemplo, a imensa maioria das dissertações e teses produzidas em programas como o de Educação Matemática da UNESP, Rio Claro, SP, são feitas nessa modalidade.

Este livro é composto de quatro capítulos completos que debatem algumas das formas pelas quais a pesquisa qualitativa tem sido praticada em Educação Matemática. É composto também por um prefácio que apresenta uma perspectiva história da pesquisa qualitativa em nossa área. No início do livro há um capítulo introdutório no qual são postas algumas questões gerais da pesquisa qualitativa assim como são apresentados os outros quatro capítulos.

Este livro se propõe a dialogar com o leitor e não deve ser visto como um manual de como fazer pesquisa. É importante notar que o ser humano é o principal ator nessa modalidade de pesquisa, e não há procedimentos que substituam ideias e insights. O prefácio, que se constitui praticamente em um capítulo, enfatiza essa questão que está presente também ao longo do livro.

Marcelo de Carvalho Borba*

---

* Marcelo de Carvalho Borba é licenciado em Matemática pela UFRJ, mestre em Educação Matemática pela Unesp (Rio Claro, SP) doutor, nessa mesma área pela Cornell University (Estados Unidos) e livre-docente pela Unesp. Atualmente, é professor do Programa de Pós-Graduação em Educação Matemática da Unesp (PPGEM), coordenador do Grupo de Pesquisa em Informática, Outras Mídias e Educação Matemática (GPIMEM) e desenvolve pesquisas em Educação Matemática, metodologia de pesquisa qualitativa e tecnologias de informação e comunicação. Já ministrou palestras em 15 países, tendo publicado diversos artigos e participado da comissão editorial de vários periódicos no Brasil e no exterior. É editor associado do ZDM (Berlim, Alemanha) e pesquisador 1A do CNPq, além de coordenador da Área de Ensino da CAPES (2018-2022).

Sumário

Prefácio à sexta edição

Marcelo de Carvalho Borba e
Jussara de Loiola Araújo 9

Prefácio

Ubiratan D'Ambrosio 11

Introdução

Pesquisa qualitativa em Educação Matemática: notas introdutórias
Marcelo de Carvalho Borba e Jussara de Loiola Araújo 23

Capítulo I

Construindo pesquisas coletivamente em Educação Matemática
Jussara de Loiola Araújo e Marcelo de Carvalho Borba 31

Capítulo II

Pesquisar práticas colaborativas ou pesquisar colaborativamente?
Dario Fiorentini 53

Capítulo III

História Oral e Educação Matemática
Antonio Vicente Marafioti Garnica 85

Capítulo IV

Pesquisa qualitativa e pesquisa qualitativa
segundo a abordagem fenomenológica
Maria Aparecida Viggiani Bicudo 107

Sobre os autores 121

Prefácio à sexta edição

A coleção Tendências em Educação Matemática está comemorando 18 anos. Este livro – *Pesquisa qualitativa em Educação Matemática* – é um pouco mais jovem e está debutando! Por isso, é importante ter uma capa nova nessa data marcante. Igualmente marcante é sua presença no cotidiano de pesquisadores do campo da Educação Matemática brasileira em suas seis edições e várias reimpressões, desde 2004, o que mostra a força do movimento da pesquisa qualitativa. Esta sexta edição não traz mudanças significativas em seu conteúdo. As últimas grandes atualizações no livro ocorreram em sua quarta edição, quando uma nova Introdução foi apresentada, trazendo discussões mais recentes sobre metodologia qualitativa de pesquisa em Educação Matemática, e nos capítulos II e III escritos, respectivamente, por Dario Fiorentini e Antonio Vicente Marafioti Garnica. Convidamos os leitores, mais uma vez, a embarcar em nossas reflexões sobre pesquisa qualitativa em Educação Matemática e a fazer parte desse movimento.

Marcelo de Carvalho Borba
Jussara de Loiola Araújo

Prefácio

Ubiratan D'Ambrosio

Ser convidado para prefaciar um livro é muito honroso, particularmente quando, como neste caso, os autores são amigos que se destacam como reconhecidos especialistas na área.

A ideia de publicar um livro abordando diferentes tendências da pesquisa em Educação Matemática é muito oportuna. O uso e abuso da palavra pesquisa nas sociedades modernas merece uma reflexão sobre o próprio conceito de pesquisa. Muitos cursos de graduação e, praticamente, todos de pós-graduação têm como obrigatória a disciplina Metodologia de Pesquisa, muitas vezes com um outro nome. As escolas fundamentais mais avançadas envolvem seus alunos, mesmo antes que saibam ler e escrever, em projetos de pesquisa individual e coletiva. E a população em geral é bombardeada com referências à pesquisa: "Pesquisas recentes indicam que o consumo de ovos faz aumentar o colesterol", e, alguns anos depois, leem: "As pesquisas mostram que o consumo de ovos não altera o colesterol". E, acredito, todos tiveram a experiência de atender ao telefone e ouvir algo como "Estamos fazendo uma pesquisa para o Diário da Madrugada e gostaríamos de fazer algumas perguntas e etc., etc., etc....". Em meio a tanta vagueza, é válido perguntar: "Mas, afinal, o que é pesquisa?".

O indivíduo curioso recorre, naturalmente, aos dicionários. E num dos mais conceituados da língua portuguesa (*Dicionário*

Houaiss), vai ler: "Pesquisa é o conjunto de atividades que têm por finalidade a descoberta de novos conhecimentos no domínio científico, literário, artístico etc., é a investigação ou indagação minuciosa, é o exame de laboratório". Pouco ajuda. Recorre a outras línguas e a vagueza continua.

Para aqueles que lidam na academia, pesquisa é parte do nosso dia a dia. Discute-se a validade de uma pesquisa, fala-se em métodos de pesquisa e em linhas de pesquisa. Trabalhos publicados devem ser enquadrados em linhas de pesquisa já declaradas, desestimulando a atuação, vital para a academia, em novas áreas. Muitas vezes alega-se falta de experiência e competência do pesquisador na área. Para os alunos, a situação é ainda mais asfixiante. O jovem que se inicia na pesquisa deve deixar bem claro, antes mesmo de dar início ao trabalho, qual a metodologia que vai seguir. O resultado é manietar o jovem na sua exploração do novo. Falar em boa pesquisa é o reflexo da inserção equivocada, na educação, de um conceito descontextualizado de qualidade. Lembro-me, sempre, do depoimento comovente do educador na novela autobiográfica, dos anos 1970, de John Pirsig Zen, *Zen e a arte de manutenção de motocicletas*. Para o acadêmico, ter seus resultados reconhecidos como fruto de uma boa pesquisa pode determinar o seu futuro. É, portanto, válida uma segunda questão: "O que é uma boa pesquisa?". Vou examinar essa questão no âmbito da Educação Matemática, objeto deste livro.

As pesquisas atuais são, em linhas gerais, classificadas em duas grandes vertentes: pesquisa quantitativa e pesquisa qualitativa. Essencialmente, a primeira delas lida com grande número de indivíduos, recorrendo aos métodos estatísticos para a análise de dados coletados de maneiras diversas, inclusive entrevistas. Chamá-la de pesquisa estatística ou pesquisa positivista é ainda comum. A pesquisa qualitativa, também chamada pesquisa naturalística, tem como foco entender e interpretar dados e discursos, mesmo quando envolve grupos de participantes. Também chamada de método clínico, essa modalidade de pesquisa foi fundamental na emergência da psicanálise e da antropologia. Ela depende da relação observador-observado e, como não é de se estranhar, surge na transição do século XIX para o século XX. A sua metodologia por excelência repousa sobre a interpretação e várias técnicas de análise de discurso.

Ao longo da história, as preocupações da sociedade com a educação dos jovens estão presentes, sempre em coerência com a religião e a filosofia. A Educação Matemática, raramente identificada com especificidade, não escapa a isso. Embora já se identifiquem na Antiguidade preocupações com o ensino da matemática, particularmente na República VII, de Platão, é na Idade Média e Renascimento e nos primeiros tempos da Idade Moderna que essas preocupações são melhor focalizadas.

A partir das três grandes revoluções da modernidade, a Revolução Industrial (1767), a Revolução Americana (1776) e a Revolução Francesa (1789), as preocupações com a Educação Matemática da juventude começam a tomar um rumo próprio.

A identificação da Educação Matemática como uma área prioritária na educação ocorre na transição do século XIX para o século XX. Dentre os primeiros a mencionar, explicitamente, a Educação Matemática, destaco John Dewey (1859-1952). Seu livro *Psicologia do número* (1895) é uma reação contra o formalismo, e ele propõe uma relação não tensa, mas cooperativa, entre aluno e professor e uma integração entre todas as disciplinas.

Em uma reunião da British Association, em Glasgow (1901), o cientista John Perry diz ser muito importante que um método de ensino elementar satisfaça um jovem, entre mil, que gosta de raciocínio abstrato, mas que é igualmente importante que os demais não sejam prejudicados por não gostarem de raciocínio abstrato. E lamenta o conflito que se nota entre matemáticos e educadores, pelo fato de os primeiros não levarem isso em consideração. Critica o fato de ser o matemático quem decide que assuntos devem ser ensinados nas escolas, particularmente para os cientistas e os engenheiros, e que é ele mesmo, o matemático, quem prepara os professores para esse ensino. Há um círculo vicioso que dificulta a emergência de uma nova educação. A matemática pode se tornar uma disciplina de estrangulamento no acesso social via educação.

A denominação pedagogia, ainda corrente na transição do século XIX para o século XX, incomoda os matemáticos preocupados com um ensino mais eficiente da matemática. Emerge o que viria a ser identificado como uma disciplina, a Educação Matemática. Mas sempre com restrições, e mesmo desrespeito, à pedagogia. Em 1894, J. K. Ellwood, diretor de uma Escola Média na Pensilvânia, publica, no volume 1 do *The American Mathematical Monthly*, um artigo tratando do ensino da divisão, propondo considerar o aprendiz como um sujeito psicológico. O prestigioso matemático David Eugene Smith, considerado um dos pioneiros da Educação Matemática, não hesita em escrever, na mesma revista, baseado em argumentos históricos, que "essa pedagogia não pode deixar de ser contestada". A resposta de Ellwood, no mesmo volume, menciona o pedantismo dos matemáticos ao tratar questões de ensino. Essa é uma das muitas polêmicas, às vezes em tom desrespeitoso, que marcam o início da Educação Matemática como uma disciplina. A pedagogia, seja como a prática docente, particularmente nos níveis mais elementares, seja como especulação filosófica, era, por muitos, ignorada, quando não desdenhada. Falar sobre o ensino de matemática era competência de matemáticos, como reconhece John Perry, acima referido.

A crise e os conflitos de opinião sobre as reformas na educação estimulam matemáticos, alguns pesquisadores de importância, outros também provavelmente preocupados com a educação dos seus filhos, a se interessarem pelo ensino da matemática. Esse é o caso do casal de ingleses Grace C. Young (1868-1944) e William H. Young (1879-1932), matemáticos de altíssimo nível, que escreveram, em 1904, o *Beginner's Book of Geometry*. Eles propõem trabalhos manuais, o concreto auxiliando o ensino da geometria abstrata. Seus filhos tornaram-se também grandes matemáticos.

O respeitadíssimo matemático americano, Eliakim H. Moore (1862-1932), resolve escrever sobre educação e, num artigo de 1902, propõe um novo programa, incluindo um sistema de instrução integrada em matemática e física, baseado em um laboratório permanente, cujos principais objetivos são desenvolver ao máximo o verdadeiro espírito de pesquisa, conduzindo à apreciação, tanto prática como teórica, dos métodos fundamentais da ciência.

Mas o passo mais importante no estabelecimento da Educação Matemática como uma disciplina é devido à contribuição do eminente matemático alemão Felix Klein (1849-1925), que publicou, em 1908, um livro seminal, *Matemática elementar de um ponto de vista avançado*. Klein defende uma apresentação nas escolas que repouse mais em bases psicológicas do que sistemáticas. Diz que o professor deve ser, por assim dizer, um diplomata, levando em conta o processo psíquico do aluno, para poder agarrar seu interesse. Afirma que o professor só terá sucesso se apresentar as coisas numa forma intuitivamente compreensível.

A consolidação da Educação Matemática como uma subárea da matemática e da educação, de natureza interdisciplinar, se dá com a fundação, durante o Congresso Internacional de Matemáticos, realizado em Roma, em 1908, da Comissão Internacional de Instrução Matemática, conhecida pelas siglas IMUK/ICMI, sob liderança de Felix Klein. A revista *L'Enseignement Mathématique*, que havia sido fundada em 1900, em Genebra, se torna o veículo de divulgação das atividades do ICMI.

As reflexões sobre educação, predominantemente de natureza filosófica, ganham novas características no início do século XX, marcadas pelos movimentos sociais, pelos novos conhecimentos de psicologia e pelo aperfeiçoamento da análise estatística. Um novo estilo de pesquisa começa a emergir.

Particularmente importante é o curso desse movimento na educação norte-americana. Não nos esqueçamos de que, a partir da sua independência, os Estados Unidos da América iniciam um programa de expansão territorial, ancorado num novo modelo educacional. No processo de construção de uma nova ordem social e econômica, a importância dada à coleta e análise de dados é notável, como foi observado, com ênfase, por Alexis de Tocqueville, na sua viagem à América, em 1835-1840. É nos Estados Unidos que os métodos estatísticos, desenvolvidos na Europa, mostram seu grande potencial como instrumento para a análise e planejamento das questões sociais e para a industrialização que emergiu após a Guerra Civil. A publicação do livro *The Principle of Scientific Management*, por Frederick W. Taylor, em 1911, teve enorme repercussão em todos os setores da sociedade americana, particularmente na educação. Um reflexo disso é a fundação, em 1916, da American Educational Research Association (AERA).

A investigação em educação procurava se tornar sistemática e rigorosa e vê o tratamento estatístico como capaz de conduzir ao rigor desejado. E assim surge, na cauda da modernidade, a pesquisa quantitativa. Só era considerada boa pesquisa aquela que tivesse um tratamento estatístico rigoroso. A pesquisa estatística começa a se intensificar nessa época.

Embora a American Mathematical Society (AMS) e a Mathematical Association of America (MAA), fundadas respectivamente em 1894 e 1915, tivessem alguma preocupação com o ensino da matemática, as preocupações e propostas dos professores de matemática, principalmente daqueles envolvidos com a educação pré-universitária, encontravam pouca repercussão nessas sociedades, como já destaquei acima e ilustrei com a polêmica Smith-Ellwood. A busca de um espaço adequado para refletir sobre suas preocupações e interesses, e para discutir as propostas, levou os matemáticos a fundarem uma nova associação, a Mathematical Association of América, em 1915, com o propósito declarado de se preocuparem com o ensino de matemática nos colleges, isto é, com o ensino superior, pois "assuntos tratando das escolas secundária e elementar deveriam ser deixados a organizações já existentes dedicadas a esse campo." A busca de um novo espaço, com essas preocupações, rejeitadas pela AMS e, agora, pela MAA, resultou na fundação, em 1920, do National Council of Teachers of Mathematics (NCTM).

Mas a pesquisa era menos importante nos objetivos do NCTM. Embora a pesquisa em Educação Matemática estivesse crescendo em intensidade, poucos pesquisadores frequentavam as reuniões anuais do NCTM. Havia maior presença de autores de livros didáticos. Alguns autores eram importantes educadores matemáticos, mas suas presenças nas reuniões anuais do NCTM tinham outra finalidade. O ambiente para pesquisadores em Educação Matemática era pouco convidativo, tanto nas reuniões anuais do NCTM quanto nas da AMS e da MAA, enquanto as reuniões da AERA ofereciam o ambiente adequado para as pesquisas avançadas que tomavam grande vulto na época.

O grande desenvolvimento da Educação Matemática veio após Segunda Guerra Mundial. Houve uma efervescência dessa educação em todo o mundo. Propostas de renovação curricular ganharam visibilidade em vários países da Europa e nos Estados Unidos, e floresce o desenvolvimento curricular. Psicólogos como Jean Piaget, Robert M. Gagné, Jerome Bruner, B.F. Skinner dão a base teórica de aprendizagem de suporte para as propostas. Na Europa, nomes como Georges Papy, Zoltan Dienes e Caleb Gattegno tornaram-se conhecidos em todo o mundo. Um dos primeiros projetos a ter repercussão internacional nos Estados Unidos foi o University of Illinois Committee on School Mathematics, criado em 1951 sob a liderança de Max Bieberman. Em seguida, foi criado, em 1958, na Stanford University, o School Mathematics Study Group (SMSG), sob a liderança de Edward G. Begle, o projeto que viria a ter a maior repercussão de todos e identificado com o que ficou conhecido como New Math. O mesmo se passava com as demais ciências. Na Europa, um passo decisivo foi um colóquio, organizado pela Organização Europeia de Cooperação Econômica (OEEC) em Royaumont, em 1959. O mal interpretado brado "À bas Euclide", do prestigioso matemático Jean Dieudonné, uma liderança do grupo Bourbaki, marca o início do movimento que viria a ser identificado como Matemática Moderna.

De certo modo, o desenvolvimento curricular representa um conflito com a pesquisa então dominante, que era a quantitativa. As principais publicações de pesquisa em Educação Matemática rejeitavam sistematicamente as ideias novas não acompanhadas de um rigoroso tratamento estatístico. Mas os projetos de desenvolvimento curricular prosseguiam, como que "correndo por fora" na busca de uma Educação Matemática melhor e mais atual. A pesquisa que melhor responde às inovações, intrínsecas ao desenvolvimento curricular, é de outra natureza. Depende de observar as reações e o comportamento de indivíduos. O pesquisador e o pesquisado guardam uma relação íntima. As entrevistas são fundamentais e a observação de reações, facilitada pelos meios de registro só então disponíveis, como os gravadores áudio e vídeo, não é contemplada no modelo então dominante de tratamento estatístico. Estudo de casos e método clínico surgem no cenário da pesquisa em educação. Jean Piaget teve grande influência nessa mudança de perspectiva com relação à validação de uma pesquisa.

O número de projetos cresceu de tal maneira que foi necessário criar um centro de referência, surgindo, assim, o International Clearinghouse on Science and Mathematics Curricular Development, em 1963, em Maryland, sob a direção de J. David Lockard. Em 1969, realizou-se em Lyons, França, o Primeiro Congresso Internacional de Educação Matemática (ICME 1); em 1972 realizou-se o ICME 2 em Exeter, e, desde então, a cada quatro anos, reúne-se um ICME, com a presença de pesquisadores em Educação Matemática de todo o mundo e organizado sob responsabilidade da Internacional Commission of Mathematics Instruction (ICMI), uma das comissões especializadas da International Mathematics Union (IMU). Os ICMEs têm dois anos de defasagem dos Congressos Internacionais de Matemáticos (ICM).

O interesse crescente em Educação Matemática teve sua repercussão no NCTM. Seu Research Advisory Committee (RAC) propôs, na década de 60, uma revista especializada em pesquisa. Fundou-se, então, o *Journal of Research in Mathematics Education/ JRME*, com alguma oposição da liderança do NCTM à sua criação. Talvez pela necessidade de ter um rápido reconhecimento no meio acadêmico, a nova revista estabeleceu critérios rigorosos na aceitação de artigos, que se traduzem, fundamentalmente, na exigência de uma metodologia de pesquisa privilegiando o quantitativo.

A interação de pesquisadores nas reuniões anuais do NCTM, reunindo cerca de 15 mil participantes, tornou-se difícil. Decidiu-se, então, organizar sessões com participação limitada, inicialmente cerca de 50, as chamadas Research Presessions, sob responsabilidade do RAC, restritas a pesquisadores em Educação Matemática, precedendo por um ou dois dias a reunião anual do NCTM. Mas, a maioria dos pesquisadores em Educação Matemática dava preferência às reuniões anuais do SIG/RME na AERA. O número crescente de educadores matemáticos na AERA teve como resultado a criação, por iniciativa de James W. Wilson, então uma das lideranças do School Mathematics Study Group/SMSG, da Stanford University, de um Special Interest Group/SIG em Research in Mathematics Education/RME, em 1968. A direção do grupo ficou a cargo de uma comissão executiva, constituída por James W. Wilson (presidente), da Stanford University, Kenneth J. Travers, da University of Illinois at Champaign-Urbana, e Sandra Vickery, da Syracuse University. O SIG/RME passou a atrair, para suas sessões, organizadas no âmbito das reuniões anuais da AERA, um número crescente de pesquisadores. Pouco depois, AERA e NCTM decidiram unificar as suas reuniões de pesquisadores. Com duração de dois a três dias, as Research Presessions, organizadas conjuntamente pelo SIG/RME da AERA e pelo RAC do NCTM, têm reunido cerca de 300 participantes. Todas as intervenções são a convite e cobrem as diversas áreas de pesquisa em Educação Matemática. O SIG/RME conta com cerca de 500 membros.

Todos esses desenvolvimentos estimularam a pesquisa de natureza qualitativa. A própria JRME estimula, hoje, a publicação de artigos baseados em pesquisa qualitativa. A aceitação dessa modalidade de pesquisa, nas suas inúmeras variantes, é notável. O exame das publicações, nos principais periódicos de pesquisa em Educação Matemática, permite dizer que a pesquisa quantitativa está em declínio.

Depois dessa digressão histórica, volto à pergunta inicial: "O que é pesquisa?". Eu vejo pesquisa como inerente à ação, que é inerente à vida. Isso parece tão vago, e permito-me refletir sobre a natureza do comportamento e conhecimento humanos, resumindo o que tenho exposto, com mais detalhes, em vários trabalhos.

O indivíduo recebe estímulos do ambiente, natural e imaginário, e, se vivo, parte para a ação. Essa ação é avaliada e, num processo de retroalimentação, vai determinar ações sucessivas. O paradigma da modernidade refere-se à possibilidade de refletir sobre essa sucessão, antecipando possíveis efeitos de uma causa. Em outras palavras, antecipar o que acontece em consequência de vários fatores. Poderíamos reconhecer Jean Buridan (ca1295-1358), com sua teoria do ímpeto, "Deus dá o início aos movimentos e o universo prossegue por si próprio", como um dos precursores da modernidade. E é na Baixa Idade Média que os primeiros indicadores de pesquisa sistemática começam a ser notados. Esses primeiros passos em direção a essa pesquisa ganham intensidade e se tornam essenciais no estudo dos fenômenos naturais. O fato de considerar o comportamento humano e os fenômenos sociais como objetos de pesquisa sistemática começa a se definir no final do século XIX, e a educação logo se torna objeto de pesquisa sistemática. Naturalmente, o grande objetivo político, no conceito dominante de cidadania, apela para um comportamento conformado e, até certo ponto, padronizado, que permite a continuidade do modelo social. Pesquisa é o resultado de identificar os fatores que permitem isso e observar, analisar e interpretar as consequências. A pesquisa, patrocinada pelos vários setores da sociedade, é por eles validada, com o objetivo de continuidade. As pequenas alterações visam aprimorar o modelo, jamais extingui-lo. Ninguém pode negar que é totalmente incoerente o sistema estimular sua extinção. Pesquisas levando a um modelo totalmente diferente são desestimuladas e até impedidas.

Gosto de dar, como exemplo, a controvertida condenação de Galileo. E não considerar Galileo um pesquisador porque sua metodologia não foi explicitada é, pelo menos, ridículo. Por outro lado, inúmeros trabalhos, publicados pelos pesquisadores "oficiais", não considerados perigosos pelos inquisidores, conduziram a nada. Isso ainda se dá hoje. A grande maioria dos trabalhos, aprovados cegamente por referees rigorosos quanto à metodologia adotada, muitas vezes são lidos por, além do autor, apenas o *referee*. São meros exercícios de mesmice.

O leitor apressado pode me considerar adversário da pesquisa. Pelo contrário. Em todos os níveis de educação, vejo a pesquisa como atividade principal e justifico as disciplinas como estando a serviço do projeto de pesquisa. Defendo essa postura com muito empenho, particularmente no ensino superior, sobretudo na pós-graduação. Dificilmente se chega ao novo seguindo caminhos já trilhados. O que dá sentido às disciplinas é sua capacidade de contribuir para o avanço do pensamento novo. A crítica que faço se aplica, obviamente, à pesquisa quantitativa, mais apropriada ao melhoramento de ervilhas! O indivíduo, nessa pesquisa, não difere muito de um código de barras. Claro, há espaço para essa pesquisa quando estamos interessados no comportamento de uma massa muito grande de indivíduos, na avaliação de programas de massa. Por exemplo, quantos indivíduos se matricularam e quantos evadiram. Mas, sobre como aumentar as matrículas e diminuir a evasão, nenhuma pesquisa quantitativa pode ajudar.

A pesquisa qualitativa é outra coisa. No meu entender, é o caminho para escapar da mesmice. Lida e dá atenção às pessoas e às suas ideias, procura fazer sentido de discursos e narrativas que estariam silenciosas. E a análise dos resultados permitirá propor os próximos passos. Qual a boa pesquisa qualitativa? É muito difícil adotar critérios, sem o grande risco de despersonalizar e manietar o pesquisador. Algumas pesquisas dirão mais, outras dirão menos, algumas terão credibilidade, outras não. A análise comparativa de uma variedade de pesquisas, conduzidas com metodologias distintas, pode definir cursos de ação, mas seus resultados jamais poderão ser considerados definitivos.

Há duas justificativas para a pesquisa:

1) satisfação da curiosidade do pesquisador (ex. história), o que é legítimo;

2) guia para as próximas ações, essencialmente a pesquisa-ação, o que é auxiliado por 1.

Justifica-se metodologia de pesquisa? Eu diria que é mais apropriado "relatar sobre pesquisas", descrevendo para o aprendiz uma variedade de exemplos do que outros fizeram. Alguns refletem o que fizeram e organizam os passos tomados numa exposição coerente, buscando apoio de outros teóricos. Legítimo. Mas jamais cobrar a sua arregimentação em uma ou outra das correntes metodológicas. É importante tomar todo cuidado para que a disciplina Metodologia de Pesquisa não tenha o caráter de catequese. Claro, ler e ouvir relatos e conhecer algumas teorizações pode ajudar o aprendiz na criação de sua própria metodologia. Como dizia Antonio Machado: "Caminhante, não há caminho. Faz-se caminho ao andar."

Ao ler este livro, senti uma grande identificação com as ideias apresentadas, o que não me surpreendeu. Os quatro capítulos explicam quatro linhas de pesquisa em Educação Matemática, na vertente qualitativa, que são representativas do que de importante vem sendo feito no Brasil. São capítulos que revelam a originalidade de seus autores na criação de novas direções de pesquisa. Difícil e desnecessário seria fazer um pequeno comentário para cada capítulo. Repetir os títulos, alguns longos, todos autoexplicativos, seria um exercício inútil.

É muito difícil identificar linhas de pesquisa padrão, sobretudo em educação, e particularmente na pesquisa qualitativa. Isso é ilustrado por um exame da bibliografia reunida dos quatro capítulos. Ele nos revela algo muito interessante. Não há referências que comparecem em mais de um capítulo, com raras exceções como o livro *Naturalistic Inquiry*, de Y. S. Lincoln e E.G. Guba, publicado em 1985 e um capítulo de livro (Borba, 2000), com duas ocorrências cada.

A pesquisa em educação, particularmente a pesquisa qualitativa, é uma área em elaboração e, possivelmente, continuará assim. A própria natureza da pesquisa qualitativa não permite enquadrá-la em linhas mestras. E nem era essa a intenção deste excelente livro. Seu objetivo é mostrar, com discussões claras e provocativas, algumas das linhas que estão caracterizando pesquisadores brasileiros. Os organizadores convidaram cinco pesquisadores que têm visibilidade nacional e internacional para explicarem, com a competência e a generosidade de exposição que lhes são características, suas metodologias de pesquisa. Os leitores terão, assim, uma ampla visão do que tem sido feito em pesquisa qualitativa e da força dessa nova tendência em Educação Matemática, encontrando no livro uma bibliografia básica para se aprofundar na área.

Iniciativa louvável e uma contribuição significativa para a Educação Matemática.

São Paulo, abril de 2004.

Introdução

Pesquisa qualitativa em Educação Matemática: notas introdutórias

Marcelo de Carvalho Borba
Jussara de Loiola Araújo (Orgs.)

Apresentamos, neste livro, algumas perspectivas sobre o que tem sido denominado "Pesquisa qualitativa em Educação Matemática". Aliás, esse é, exatamente, o título do livro. Podemos dizer que a Educação Matemática é um campo de investigação já estabelecido mundialmente. Mas qual é a situação atual a respeito de discussões sobre metodologia de pesquisa nesse campo? Que reflexões têm sido realizadas no campo da Educação Matemática a respeito do ato de pesquisar? É nesse sentido que este livro pretende trazer contribuições. O uso de abordagens qualitativas de pesquisa não é novidade em Ciências Sociais. Segundo Bogdan e Biklen (1994), sua origem data do século XIX, em pesquisas no campo da Sociologia. Entretanto, para o campo da Educação Matemática, que é relativamente novo, essas questões têm sido discutidas há pouco tempo.

Mas falar em pesquisa qualitativa pode ser uma grande novidade, ou um grande desafio, para alguém que "trabalha com quantidades", como é o caso de professores de Matemática. Algumas perguntas podem surgir: por que realizar uma pesquisa qualitativa em vez de uma pesquisa quantitativa? Que tipo de informação cada uma poderia fornecer para o campo de pesquisa da Educação Matemática? Vamos considerar exemplos para discutir essas perguntas.

Se quisermos fazer um levantamento acerca do uso de computadores por professores de Matemática em Belo Horizonte, para termos uma boa estimativa de *quantos* professores os utilizam em suas aulas, uma abordagem quantitativa parece-nos mais adequada. Nosso principal procedimento seria a visita a uma amostra representativa de escolas de Belo Horizonte para que, por meio de uma entrevista com seus professores de Matemática, pudéssemos contabilizar aqueles que usam computadores em suas aulas. O resultado da pesquisa é associado ao objetivo e à abordagem metodológica utilizada. No caso do nosso exemplo, poderíamos dizer, ao final da pesquisa, que x% dos professores de Matemática de Belo Horizonte utilizam computadores em suas aulas.

Por outro lado, se quisermos saber como tem acontecido o uso de computadores nas escolas de Belo Horizonte, a abordagem mais adequada parece-nos ser a qualitativa. E como primeira ação, seria necessário que o pesquisador focalizasse mais a pergunta, pois é praticamente impossível descrever todas as formas de uso de computadores nas escolas de BH. Mais que isso, apenas a descrição desse fenômeno seria superficial, se considerarmos a qualidade da pesquisa. Como afirma Bicudo (1993), o pesquisador deve ter uma inquietação que se expressa por meio de uma pergunta, de uma interrogação. E "pesquisar configura-se como buscar compreensões e interpretações significativas do ponto de vista da interrogação formulada. Configura-se, também, como buscar explicações cada vez mais convincentes e claras sobre a pergunta feita" (p. 18). Ao focalizar e buscar compreensões, o pesquisador pode ser remetido a outros tipos de perguntas, como, por exemplo, qual é o papel do professor de Matemática em atividades com computadores? Como se estabelece a relação entre professor e alunos nesse novo ambiente? Como acontece a aprendizagem?

De que concepção de aprendizagem (de Matemática) estamos falando? Dentre inúmeras outras possibilidades.

Podemos perceber, então, que pesquisas realizadas segundo uma abordagem qualitativa nos fornecem informações mais descritivas, que primam pelo significado dado às ações. Bogdan e Biklen (1994) apresentam uma boa caracterização de pesquisas qualitativas:

1. *Na investigação qualitativa a fonte direta de dados é o ambiente natural, constituindo o investigador o instrumento principal* (p. 47);

2. *A investigação qualitativa é descritiva* (p. 48);

3. *Os investigadores qualitativos interessam-se mais pelo processo do que simplesmente pelos resultados ou produtos* (p. 49);

4. *Os investigadores qualitativos tendem a analisar os seus dados de forma indutiva* (p. 50);

5. *O significado é de importância vital na abordagem qualitativa* (p. 50).

Essas características, dentre outras, estão presentes nas perspectivas que discutiremos neste livro.

O primeiro capítulo, escrito por Jussara de Loiola Araújo e Marcelo de Carvalho Borba, discute que, embora o ato de pesquisar tenha um lado extremamente solitário, é importante que se desenvolva pesquisa coletivamente, para que se obtenham resultados aceitos dentro de uma comunidade de pesquisa. Discute-se como a pergunta de pesquisa é gerada e como ela se desenvolve e se relaciona com os procedimentos de pesquisa. A noção de triangulação é abordada, mostrando por que é importante nesse tipo de pesquisa e as diversas facetas que ela pode assumir. Toda a discussão é feita a partir de pesquisas já concluídas que abordavam a noção de modelagem, uma importante tendência em Educação Matemática.

Dario Fiorentini, no segundo capítulo, discute o que é pesquisa colaborativa. O que significa pesquisadores e professores colaborarem no ato de pesquisar? Cooperar e colaborar são a mesma coisa? É possível fazer uma tese (individual) de doutorado que possa se denominar pesquisa colaborativa? Qual a diferença entre pesquisa colaborativa e prática colaborativa? Essas são algumas das questões debatidas ao longo desse capítulo.

Já no terceiro capítulo, Antonio Vicente Marafioti Garnica discute o que vem a ser História Oral e qual é sua importância para a pesquisa em Educação Matemática. São dados exemplos sobre essa modalidade de pesquisa. Também são abordadas as relações entre História e História Oral, e discute-se essa forma de fazer História vista como pesquisa qualitativa. Esse modo de fazer pesquisa, que se agrupa sob o nome de História Oral, tem se mostrado bastante produtivo com diversos estudos nessa área.

No último capítulo, Maria Aparecida Viggiani Bicudo discute como o qualitativo se diferencia do quantitativo. Muito tem se falado sobre pesquisa qualitativa, nas Humanidades e nas Ciências Sociais em geral, e em particular na Educação (Matemática), entretanto, pouco tem se explicitado sobre o que se entende por qualitativo e o que isso significa para a noção de conhecimento.

Passados oito anos desde a primeira edição deste livro, é natural, e desejável, que novas discussões sobre metodologia de pesquisa na educação matemática tenham surgido. Não é nossa intenção apresentar essas novidades de forma exaustiva aqui, nestas notas introdutórias. Mas consideramos necessário levantar algumas questões que vêm despontando no cenário atual, principalmente no que diz respeito às transformações proporcionadas pelas tecnologias da informação e da comunicação (TICs) nas salas de aula de matemática e, como consequência, em contextos nos quais são realizadas pesquisas em educação matemática. O que significa pesquisa qualitativa nesses novos contextos?

Javaroni (2007), por exemplo, utiliza o software Camtasia[1] para gravar a tela do próprio computador, registrando as ações dos estudantes em atividades com computadores na sala de aula usual. Antes disso, os vídeos gerados em coleta de dados de pesquisas qualitativas focavam alunos ou professores em suas atividades de sala de aula. Havia, no máximo, a filmagem da tela do computador por meio de uma filmadora. Passa-se a ter, então, um tipo de dado que, anteriormente, não era comumente encontrado em pesquisas qualitativas: a reprodução dos passos dados pelos alunos, sincronizados com seus gestos, em ambientes informáticos. Como incorporar mais esses dados, gerados em grande quantidade, à pesquisa qualitativa?

A pergunta acima está em aberto. Entretanto, destacamos que softwares para análise de vídeo digital, que já existiam quando organizamos este livro, se tornaram mais acessíveis e veem sendo utilizados em projetos de pesquisa de forma mais intensa.

Mas a mudança que parece ter sido mais profunda é aquela referente à educação a distância (EaD) online: um fenômeno social que se consolidou na primeira década do século XXI, surgindo a partir das possibilidades da tecnologia e de forças sociais que a demandam. Emerge, assim, um novo foco de pesquisa. Mas como pesquisá-lo? Conforme é discutido no próximo capítulo, a pergunta de pesquisa e a metodologia se entrelaçam. Mas por que esse novo fenômeno traz questionamentos para a pesquisa qualitativa?

Novas abordagens metodológicas, devido à EaD, não significam que ápenas novos procedimentos sejam utilizados. Há, em alguns casos, uma releitura de procedimentos típicos da pesquisa em ambientes presenciais nos ambientes a distância. Por exemplo, uma entrevista que, normalmente, é realizada presencialmente, pode tomar novos contornos quando realizada

---

[1] "O Camtasia Studio é um software de criação de vídeo, desenvolvido pela Tech-Smith que permite que o usuário crie vídeos, como tutoriais, capturando a tela do computador." Informações obtidas em: <http://pt.wikipedia.org/wiki/Camtasia_Studio>. Acesso em: 30 maio 2012.

a distância, configurando-se as denominadas entrevistas online, como as realizadas por Malheiros (2008). Da mesma forma, as observações do campo de pesquisa, típicas de abordagens qualitativas, presenciais, podem ser realizadas em ambientes virtuais da EaD, como feito por Silva (2010), e ajudar a compor narrativas, também mais comuns às pesquisas realizadas em ambientes presenciais.

Borba, Malheiros e Zulatto (2007) discutem a educação a distância online, dedicando uma seção à metodologia de pesquisa nesses ambientes. Se, segundo esses autores, metodologia de pesquisa é um "amálgama entre a visão de conhecimento e os procedimentos de pesquisa desenvolvidos em um dado estudo" (p. 118), é possível que a metodologia de pesquisa seja transformada quando em contextos nos quais as TICs estão presentes, incluindo aqueles nos quais a educação acontece a distância.

Discutimos, aqui, alguns exemplos de transformações ocorridas em termos metodológicos em pesquisa na medida em que as TICs são incorporadas à pesquisa qualitativa. Há outros que estão em andamento. Convidamos, então, ao mergulho em nossas reflexões sobre maneiras qualitativas de pesquisar em Educação Matemática, e a propor novos tópicos para o tema deste livro.

Referências

BICUDO, M. A. V. Pesquisa em educação matemática. *Pro-Posições*, v. 4, n. 1(10), p. 18-23, 1993. Disponível em: <http://mail.fae.unicamp.br/~proposicoes/textos/10-artigos-bicudomav.pdf>. Acesso em: 19 jan. 2011.

BOGDAN, R. C.; BIKLEN, S. K. *Investigação qualitativa em educação: Uma introdução à teoria e aos métodos*. Tradução M. J. Alvarez, S. B. Santos e T. M. Baptista. Porto: Porto Editora, 1994.

BORBA, M. C.; MALHEIROS, A. P. S.; ZULATO, R. B. A. *Educação a distância online*. Belo Horizonte: Autêntica, 2007.

JAVARONI, S. L. *Abordagem geométrica: Possibilidades para o ensino e aprendizagem de introdução às equações diferenciais ordinárias*. 2007. Tese (Doutorado) – Instituto de Geociências e Ciências Exatas, Universidade Estadual Paulista, Rio Claro, 2007.

MALHEIROS, A. P. S. *Educação Matemática online: A elaboração de projetos de modelagem.* 2008. Tese (Doutorado) – Instituto de Geociências e Ciências Exatas, Universidade Estadual Paulista, Rio Claro, 2008.

SILVA, D. S. *A constituição docente em matemática à distância: Entre saberes, experiências e narrativas.* 2010. Tese (Doutorado) – Faculdade de Educação, Universidade Federal de Minas Gerais, Belo Horizonte, 2010.

Capítulo I

Construindo pesquisas coletivamente em Educação Matemática[1]

Jussara de Loiola Araújo[2]
Marcelo de Carvalho Borba[3]

Neste capítulo, pretendemos discutir algumas questões referentes à metodologia de pesquisa na área da Educação Matemática. Logo de partida, é importante ressaltar que não temos o objetivo de apresentar um receituário a ser seguido para a realização de pesquisas nessa área, mesmo porque acreditamos que isso não exista. Como o leitor verá, isso seria contraditório em relação ao que acreditamos.

O principal motivo que nos leva a enfrentar essa tarefa é uma preocupação que pode incomodar alguns pesquisadores que decidem desenvolver pesquisas em Educação Matemática: como realizar uma pesquisa na área das Ciências Sociais se passamos boa parte de nossas vidas trabalhando com as Ciências Exatas? Acreditamos

---

[1] Embora não sejam responsáveis pelas ideias aqui apresentadas, gostaríamos de agradecer a Fernanda Bonafini e a Francisco Benedetti, membros do GPIMEM, por comentários feitos a versões preliminares deste capítulo.

[2] Professora do departamento de Matemática e do Programa de Pós-Graduação em Educação da Universidade Federal de Minas Gerais – UFMG. Site: www.mat.ufmg.br/jussara

[3] Professor do Departamento de Matemática e do Programa de Pós-Graduação em Educação Matemática da Universidade Estadual Paulista – UNESP – de Rio Claro, SP. E-mail: mborba@rc.unesp.br.

que essa preocupação é familiar a muitos que pretendem iniciar, ou mesmo continuar, suas pesquisas em Educação Matemática, já que a maioria deles é professor de Matemática que, se chegou a ter contato com pesquisas, o fez em uma área de investigação completamente diferente daquela à qual decidiu se dedicar. Certamente, não vamos responder à pergunta feita acima, mas pretendemos discutir questões e apresentar exemplos que podem ajudar os pesquisadores a criarem sua própria resposta para ela.

Como poderá ser percebido ao longo do capítulo, praticamente tudo que falamos se refere à Educação, de maneira geral. Um dos diferenciais, nesse caso, é que os exemplos são de pesquisas desenvolvidas (ou em desenvolvimento) na área de Educação Matemática. Mais especificamente, restringimos nossos exemplos a pesquisas que têm como tema a Modelagem Matemática e Informática na Educação Matemática. Esperamos que, com a leitura deste capítulo, o leitor possa estender nossas reflexões até o seu campo de atuação.

Um outro ponto que, acreditamos, diferencia este trabalho de outros na área da Educação é a abordagem de questões que, se por um lado, são naturais e passam despercebidas para alguém da área de Ciências Sociais, por outro são preocupações legítimas para alguém que até pouco tempo se dedicava exclusivamente às Ciências Exatas. Dentre essas questões, podemos citar: como delimitar uma pergunta de pesquisa? Podemos alterar nosso projeto de pesquisa depois que já começamos a desenvolvê-lo?

De certa forma, abordaremos as duas questões acima na próxima seção. Além delas, discutiremos, na seção "Multiplicidade de procedimentos", a utilização de diferentes procedimentos metodológicos em uma pesquisa, o que está ligado à credibilidade da mesma. Com os exemplos apresentados nessa seção, nos encaminharemos, na seção "Pesquisas em grupo, multiplicidade de foco e revisão da literatura", para uma discussão sobre a abordagem de diversos focos dentro de um mesmo tema e sobre a revisão de literatura, o que nos levará para uma discussão sobre a realização de pesquisas em grupos. Na seção "Concepções de conhecimento, educação e metodologia de pesquisa", ampliaremos a discussão teórica para, a seguir, apresentarmos as "Considerações finais".

Construção da pergunta de pesquisa e o design emergente

Um dos momentos cruciais no desenvolvimento de uma pesquisa é o estabelecimento de sua *pergunta diretriz*. É ela que, como o próprio nome sugere, irá dirigir o desenrolar de todo o processo. Entretanto, como diversos pesquisadores devem saber, esse momento constitui-se, muitas vezes, como um dos mais difíceis em sua empreitada de pesquisar.

Goldenberg (1998), que apresenta uma agradável sugestão de roteiro para o desenvolvimento de pesquisas em Ciências Sociais, afirma, sobre a pergunta diretriz, que "o pesquisador deve estar consciente da importância da pergunta que faz e deve saber colocar as questões necessárias para o sucesso de sua pesquisa" (p. 71-2). Como ela mesma coloca como título de um dos capítulos de seu livro, *Faça a pergunta certa!* (p. 68). Em outras palavras, elaborar, ou melhor, construir uma pergunta diretriz é um ponto crucial, do qual depende o sucesso da pesquisa. Essa grande importância da pergunta diretriz é, acreditamos, uma das causas da dificuldade inicial que vários pesquisadores têm em construí-la.

O processo de construção da pergunta diretriz de uma pesquisa é, na maioria das vezes, um longo caminho, cheio de idas e vindas, mudanças de rumos, retrocessos, até que, após um certo período de amadurecimento, surge *a pergunta*. Um grande problema que percebemos em diversas pesquisas é que, muitas vezes, esse caminho não é apresentado pelo autor. Talvez ele pense que aquele caminho percorrido até o estabelecimento da pergunta tenha sido cheio de enganos, não merecendo ser divulgado, e não perceba que a pergunta é a síntese desse caminho, ou seja, que todo o processo de construção da pergunta faz parte da própria pergunta.

Buscando quebrar essa regra quase geral, ou mesmo por compreender a pergunta diretriz da forma apresentada no parágrafo anterior, Araújo (2002) discute o processo de gestação de uma pergunta. A autora compara a pergunta a uma bússola que se mantém oculta por algum tempo no decorrer da pesquisa, mas que, "mesmo oculta, ... continua funcionando, mostrando-nos a rota que, ao ser trilhada, permite-nos encontrá-la pelo meio do caminho" (p. 1).

Nesse trabalho, a pesquisadora tem por objetivo estudar as discussões que ocorrem entre alunos de Cálculo Diferencial e Integral que desenvolvem projetos de Modelagem Matemática em ambientes de aprendizagem que contam com computadores. Foi adotada uma abordagem de pesquisa qualitativa, e o principal procedimento foi a observação de dois grupos de alunos de Cálculo I durante o desenvolvimento de seus projetos de Modelagem Matemática. Os sujeitos da pesquisa eram alunos de Engenharia Química de uma universidade pública do Estado de São Paulo.

As discussões entre os alunos não eram, entretanto, a preocupação inicial de Araújo (2002). Ela tinha, em princípio, sua atenção voltada para a aprendizagem de Matemática no ambiente acima citado, como podemos perceber na primeira pergunta diretriz de sua pesquisa: "de que forma os alunos, por meio da Modelagem Matemática, aprendem Cálculo em um ambiente computacional?" (p. 6).

Essa primeira pergunta diretriz surgiu a partir de preocupações e questionamentos iniciais da autora, oriundos de sua prática docente. Segundo Morse (1994), "a chave para selecionar um tópico de pesquisa com qualidade é identificar algo que prenderá nossa atenção no decorrer do tempo" (p. 220). E quando um professor (de Matemática) se dispõe a realizar uma pesquisa na área de Educação (Matemática), talvez seja porque ele vem problematizando sua prática, o que poderá levá-lo a se dedicar com afinco ao desenvolvimento de uma pesquisa originada dessa problematização, e, para isso, é preciso que ele sintetize suas inquietações iniciais em uma (primeira) pergunta diretriz. Isso está de acordo com Morse (1994), quando afirma que, muitas vezes, as questões de pesquisa se originam na própria prática profissional do pesquisador.

A primeira pergunta diretriz, entretanto, pode ser modificada à medida que a própria experiência com o trabalho de campo e as leituras de novas referências levem o autor a ganhar uma nova perspectiva que transforma o foco em questão, como no exemplo que foi aqui apresentado. Esse fato é característico do que Lincoln e Guba (1985) denominam design[4] emergente de uma pesquisa. Para eles, o design da pesquisa é emergente, ou seja, ele vai sendo construído à medida que a pesquisa se desenvolve e seus passos não podem ser rigidamente determinados *a priori*. Eles afirmam que "o foco da investigação pode, e provavelmente mudará" e acrescentam que

> [...] o naturalista [denominação dada pelos autores àquele que faz a pesquisa naturalística, proposta por eles] espera tais mudanças e antecipa que o design emergente será colorido por elas. Longe de serem destrutivas, elas são construtivas, já que estas mudanças sinalizam um movimento para um nível de investigação sofisticado e que proporciona um maior insight (p. 229).

O caráter emergente do design da pesquisa desenvolvida por Araújo (2002) se mostrou presente ao longo de todo seu desenvolvimento, já que a autora não pretendia estabelecer antecipadamente uma agenda rígida de pesquisa. Vários dos procedimentos, por exemplo, foram planejados à medida que se fizeram necessários. Entretanto, seguindo as orientações de Alves-Mazzotti (1998), a autora procurou estabelecer um planejamento inicial, flexível, para não correr o risco de se perder em um emaranhado de dados e não encontrar significado algum para eles. O objetivo inicial da pesquisa, qual seja compreender como os alunos aprendiam Cálculo enquanto desenvolviam seus projetos de Modelagem Matemática em ambientes computacionais, mesmo não permanecendo até o

---

[4] "O termo 'design' corresponde ao plano e às estratégias utilizadas pelo pesquisador para responder às questões propostas pelo estudo, incluindo os procedimentos e instrumentos de coleta, análise e interpretação dos dados, bem como a lógica que liga entre si diversos aspectos da pesquisa" (ALVES-MAZZOTTI, 1998, p. 147).

final da pesquisa,[5] dava-lhe a certeza de que a observação seria um dos procedimentos adotados, mas ela sabia que isso não bastava para atingir tal objetivo.

Destacamos, assim, a importância de se adotar procedimentos diversos em uma pesquisa, ou seja, a adoção da *multiplicidade de procedimentos*.

Multiplicidade de procedimentos

Discutiremos nesta seção duas pesquisas que têm, em comum, a Modelagem Matemática como enfoque didático-pedagógico no contexto educacional estudado. Enfatizaremos alguns aspectos relativos aos procedimentos de coleta de dados adotados nessas pesquisas, buscando discutir as influências de diferentes procedimentos em seus resultados. Pretendemos, com isso, discutir a questão da *multiplicidade de procedimentos* que proporciona diferentes visões de objetos semelhantes.

Uma pesquisa sobre Modelagem Matemática

Borba, Meneghetti, Hermini (1997) apresentam resultados parciais de uma pesquisa na qual se pretende estudar os efeitos de dois enfoques pedagógicos – Modelagem e "experimental-com-calculadora" – na sala de aula de Matemática. Para eles, a Modelagem é "vista como o esforço de descrever matematicamente um fenômeno que é escolhido pelos alunos com o auxílio do professor" (p. 63), e o enfoque "experimental-com-calculadora" incentiva os alunos a realizarem experimentações matemáticas, envolvendo os conteúdos funções, derivadas e integrais, com a calculadora. A pesquisa possui três perguntas diretrizes: "Qual o impacto das calculadoras gráficas na sala de aula? Que matemática os alunos aprendem quando fazem

---

[5] Como já foi mencionado no início desta seção, o objetivo da pesquisa, ao seu final, era estudar as discussões que ocorrem entre alunos de Cálculo Diferencial e Integral que desenvolvem projetos de Modelagem Matemática em ambientes de aprendizagem que contam com computadores.

modelagem matemática? Como eles usam a calculadora gráfica nas suas modelagens?" (p. 64).

Esse estudo vem sendo realizado na disciplina Matemática Aplicada, oferecida para alunos do curso de Biologia da Universidade Estadual Paulista – UNESP – de Rio Claro, SP desde de 1993. Adota-se uma abordagem qualitativa de pesquisa. No artigo aqui discutido, os pesquisadores apresentam o estudo de um caso – originado do trabalho de Modelagem Matemática de um grupo de alunas da turma de 1995 –, cujos dados são a gravação em vídeo da apresentação oral do trabalho para a turma e a versão escrita do trabalho final.

O trabalho de Modelagem analisado tinha por objetivo investigar a influência de diferentes tipos de solo no desenvolvimento de mudas de uma determinada planta. No decorrer do trabalho, as alunas deparam-se com a necessidade de encontrar um gráfico que representasse o crescimento das mudas em função do tempo e outro que representasse o número de germinações das mesmas, também em função do tempo. As alunas marcaram, em um plano cartesiano, alguns pontos obtidos a partir da coleta de dados realizada e, durante a apresentação oral do trabalho, falaram em "encontrar uma função para cada ponto". Essa afirmativa desencadeou um debate entre o grupo e o professor, no qual ele questionou as alunas sobre o significado do que tinham dito e argumentou sobre a importância de encontrar uma única lei cujo gráfico se aproximasse de todos os pontos, definindo expressões para diferentes intervalos do domínio, ao invés de tentar encontrar uma lei para cada ponto.

As alunas tinham observado, desde a apresentação oral, que o gráfico do crescimento assemelhava-se a gráficos de funções exponenciais e que o gráfico que representava o número de germinações era parecido com gráficos de funções logarítmicas. Passado um mês da apresentação oral, o grupo entregou a versão escrita do trabalho. Borba, Meneghetti, Hermini (1997) avaliam, então, que o grupo acatou a sugestão do professor de trabalhar com aproximações, encaminhando o trabalho por uma busca de funções exponenciais e logarítmicas que se aproximassem dos dados que tinha. Entretanto, como afirmam os autores, havia "uma diferença na forma como conduziram a procura por expressões analíticas das funções referentes às germinações e a busca pelas funções referentes aos crescimentos" (p. 67).

Nesse ponto, podemos nos perguntar: o que levou as alunas a darem encaminhamentos diferentes a duas tarefas que, aparentemente, eram tão semelhantes? Infelizmente, não temos informações suficientes para responder a essa pergunta, mas ela aguça nossa curiosidade sobre o que aconteceu ao longo do trabalho do grupo em momentos diferentes dos considerados para a coleta de dados. Na pesquisa aqui analisada, os procedimentos metodológicos incluíam, apenas, a análise das apresentações oral e escrita do trabalho. Não sabemos, por exemplo, como o trabalho se desenvolveu desde o início – escolha do tema, decisões sobre procedimentos –, como aconteceram as discussões ao longo do desenvolvimento do trabalho, dentre inúmeras outras informações que poderiam influenciar os resultados da pesquisa, quando da consideração de suas perguntas diretrizes.

Borba, Meneghetti, Hermini (1997), com a metodologia e procedimentos de pesquisa acima citados, concluíram que, durante o trabalho com Modelagem, o grupo utilizou as calculadoras sem ser diretamente solicitado. Concluíram também que a Matemática aprendida pelas alunas, quando fizeram Modelagem, tinha um caráter interdisciplinar, já que "as ferramentas matemáticas ajudavam a dar significados aos dados biológicos construídos por elas, ao mesmo tempo que a Biologia era utilizada como suporte para explicar fatos matemáticos" (p. 69). Como seriam as conclusões se os procedimentos metodológicos tivessem sido outros?

Em um contexto parecido com o da pesquisa analisada nesta subseção, a situação relatada em Araújo (2002), já citada na seção 2 deste capítulo, utiliza outros procedimentos que respondem parcialmente aos questionamentos apresentados nos dois parágrafos acima. Ao invés de se basear nos resultados apresentados pelos grupos em sala de aula, a pesquisadora se baseou nas observações das reuniões dos grupos ao longo do desenvolvimento dos projetos de Modelagem, fora da sala de aula. Não se trata aqui de julgar os procedimentos como certos ou errados, mas de sugerir que a utilização de múltiplos procedimentos favorece a confiabilidade da pesquisa. É essa a ideia que envolve os trabalhos apresentados. Todos os pesquisadores, à época da publicação de seus trabalhos, eram membros do Grupo de Pesquisa em Informática, outras Mídias e Educação Matemática[6] – GPIMEM – e buscavam compreender a Modelagem e suas relações com as tecnologias informáticas através de estudos diversos com procedimentos diferenciados.[7] Passemos, então, à discussão dessa outra pesquisa.

Influência dos procedimentos em uma pesquisa

Como já descrito, Araújo (2002) tinha por objetivo compreender as discussões entre alunos de Cálculo enquanto desenvolvem projetos de Modelagem Matemática em ambientes que possuem computadores. O projeto de Modelagem Matemática era uma das principais atividades propostas pelo professor de Cálculo dos participantes da pesquisa, no começo do semestre. O professor não chegou a explicitar para a turma a sua perspectiva de Modelagem Matemática. Seu encaminhamento foi solicitar aos alunos, desde o início das aulas, que escolhessem ou elaborassem um problema de sua área de trabalho (ou de interesse) para nele trabalhar durante todo o semestre. De acordo com suas orientações, os alunos deveriam reunir-se em grupos para buscar uma função real f(x) que aparecesse no seu dia a dia. Foi-lhes sugerido que procurassem dados em experimentos realizados em outras disciplinas ou em jornais, revistas etc. O objetivo, segundo o professor, era que os alunos levassem, para a

---

[6] Grupo de pesquisa sediado no Departamento de Matemática da Universidade Estadual Paulista – UNESP – de Rio Claro, SP, cadastrado no CNPq. Homepage: http://www.igce.unesp.br/igce/pgem/gpimem.html.

[7] Procedimentos como experimentos de ensino têm sido utilizados neste grupo. Por exemplo, Benedetti (2003) desenvolveu atividades pedagógicas e depois as submeteu a alunos do primeiro ano do Ensino Médio. Esse tipo de procedimento permitiu que o professor-pesquisador acompanhasse bem de perto como duplas de alunos lidaram com um software matemático ao abordar as questões propostas.

aula de Cálculo I, algo pertencente às suas vidas para que criassem, discutissem, descobrissem fatos novos etc., trazidos pelo problema ou situação escolhida por eles, utilizando-se, para isso, dos conceitos de Cálculo e do software Maple.

Durante a coleta de dados, a pesquisadora procurou acompanhar todas as etapas do desenvolvimento dos projetos de Modelagem Matemática de dois grupos, incluindo a escolha da função, os procedimentos dos grupos para estudá-la, as dúvidas que tiveram, as decisões que tomaram etc. Apesar de todo o esforço nesse sentido, como ela mesma justifica, isso não foi totalmente possível. Mesmo assim, o acompanhamento *in loco* do desenvolvimento do trabalho, em grande parte das reuniões dos grupos, teve consequências importantes no desenrolar da pesquisa.

Uma dessas consequências veio da escolha, feita pelos grupos participantes da pesquisa, das situações a serem estudadas nos projetos de Modelagem Matemática. A pesquisadora esperava, de acordo com a análise da literatura que realizava e a partir das orientações dadas pelo professor para os grupos, que eles buscassem situações reais para serem abordadas matematicamente. Entretanto, os grupos acompanhados durante a pesquisa inventaram suas situações reais, ou seja, eles criaram situações imaginárias como resposta à solicitação de situações reais.

A autora aponta duas "lições" que julga ter aprendido com esse fato. Uma delas relaciona-se diretamente com os procedimentos adotados na pesquisa,[8] já que foi a experiência de acompanhar os grupos que fez destacar a criação de situações imaginárias. Por que os grupos fizeram isso? Talvez por ser esse um procedimento comum na vivência com a Matemática escolar dos alunos. Araújo (2002) nos alerta, assim, sobre a possibilidade de os procedimentos dos alunos, longe dos olhos do professor, fazerem destacar características do contexto educacional no

---

[8] A outra lição aprendida diz respeito à importância de se refletir, juntamente com professor e alunos, sobre a perspectiva de Modelagem Matemática que é colocada em prática em sua sala de aula. Por fugir do escopo deste capítulo, essa questão não será discutida aqui.

qual a atividade se insere. Não fosse a presença da pesquisadora, durante o desenvolvimento dos projetos de Modelagem dos grupos, tudo poderia se passar como se eles não tivessem inventado situações imaginárias.

Alguns autores (ALVES-MAZZOTTI, 1998; LINCOLN; GUBA, 1985) destacam a importância da utilização de diferentes procedimentos para a obtenção de dados, por eles denominada *triangulação*, como uma forma de aumentar a credibilidade de uma pesquisa que adota a abordagem qualitativa. A credibilidade é entendida como a plausibilidade, para os sujeitos envolvidos, dos resultados e interpretações feitas pelo pesquisador (ALVES-MAZZOTTI, 1998). Ela é um dos critérios utilizados para atestar a confiabilidade da pesquisa. Os outros são a transferibilidade, a consistência e a confirmabilidade.[9]

Os principais procedimentos sugeridos por Alves-Mazzotti (1998) para aumentar a credibilidade de uma pesquisa são "permanência prolongada no campo, 'checagem' pelos participantes, questionamento por pares, triangulação, análise de hipóteses alternativas e análise de casos negativos" (p. 172-174).

Particularmente, a *triangulação* em uma pesquisa qualitativa consiste na utilização de vários e distintos procedimentos para obtenção dos dados. Os principais tipos de triangulação são a de fontes e a de métodos. Quando checamos, por exemplo, as informações obtidas em uma entrevista com as atas de uma reunião sobre um mesmo assunto, estamos fazendo uma triangulação de fontes. Por outro lado, se observarmos o trabalho de um grupo de alunos e depois entrevistarmos seus componentes sobre o trabalho desenvolvido, realizaremos uma triangulação de métodos. Fazendo assim, o pesquisador, ao invés de construir suas conclusões apenas a partir de observações, pode utilizar as entrevistas para checar algum detalhe ou para compreender melhor algum fato ocorrido durante as observações, promovendo uma maior credibilidade de sua pesquisa.

---

[9] Por não ser objetivo deste capítulo, não discutiremos esses critérios aqui. Para maiores informações, sugerimos uma consulta a Alves-Mazzotti (1998).

A triangulação não é exatamente o caso aqui, já que estamos falando de duas pesquisas distintas – Borba, Meneghetti, Hermini (1997) e Araújo (2002) –; e a triangulação, como discutida acima, é utilizada para aumentar a credibilidade de uma única pesquisa. Entretanto, como afirmamos ao final da subseção anterior, essas duas pesquisas não são completamente independentes: a segunda pesquisa nasce de uma confluência de interesses dos autores deste capítulo. Mais que isso, as duas pesquisas foram desenvolvidas no âmbito do GPIMEM, que tem, como um dos focos de sua pesquisa, o estudo dos efeitos do uso conjunto da Modelagem Matemática e das tecnologias informáticas em salas de aula de Matemática (BORBA, 2000).

Poderíamos, então, estender a noção de triangulação em uma pesquisa para a triangulação na pesquisa de um grupo, que se realiza, dentre outras formas, por meio das pesquisas de cada um de seus membros que, por sua vez, estão relacionadas entre si. Ou poderíamos ver os diversos estudos como parte de uma pesquisa maior que busca a compreensão da Modelagem em ambientes de sala de aula. Essa diversidade de procedimentos, além de aumentar a credibilidade da pesquisa desenvolvida pelo GPIMEM como um todo, permite que uma pesquisa não fique isolada, ou seja, que ela não seja compreendida individualmente e sim interligada a outras pesquisas.

Com relação a essa pesquisa maior, ao analisarmos a literatura que trata do tema Modelagem Matemática na Educação Matemática,[10] podemos perceber que não há estudos que analisem dados longitudinalmente nessa área. De maneira geral, há pesquisas, como as já relatadas neste capítulo, que focam em uma dada turma ou em um dado grupo. Malheiros (2004), alternativamente, analisou mais de cem trabalhos e fitas de vídeo de apresentações em sala de aula de projetos de Modelagem Matemática, buscando compreender qual a Matemática produzida pelos alunos dentro desse enfoque pedagógico. Os trabalhos analisados foram

---

[10] Ver, por exemplo, as revisões de literatura feitas por Barbosa (2001) e por Araújo (2002).

Construindo pesquisas coletivamente em Educação Matemática

desenvolvidos por alunos de diferentes turmas do curso de Matemática Aplicada para Biologia já apresentado neste capítulo. Ao analisar esse número de trabalhos, ela buscou encontrar padrões que resultassem em respostas parciais à pergunta levantada. No desenvolvimento dessa pesquisa longitudinal, ela encontrou trabalhos que representam diferentes aspectos da produção matemática dos alunos. A autora pôde concluir que é possível aplicar conhecimentos trazidos de experiências prévias e construir novos ao se trabalhar com Modelagem na sala de aula.

Para este capítulo, que discute metodologia de pesquisa, o que é relevante é o fato de que esses múltiplos procedimentos, entrelaçados com diferentes perguntas de pesquisas, permitem que se tenha uma compreensão mais abrangente da Modelagem sendo vivenciada em salas de aula de Matemática.

Pesquisas em grupo, multiplicidade de foco e revisão da literatura

O leitor talvez tenha percebido que os três exemplos de pesquisa analisados na seção anterior têm um mesmo tema em comum, mas há diferença quanto ao foco de pesquisa. Conforme dito anteriormente, o trabalho de Araújo (2002), o de Borba, Meneghetti, Hermini (1997) e o de Malheiros (2004) têm como tema Modelagem e informática na Educação Matemática, mas cada um deles foca em um problema diferente. O mesmo ocorre com outras pesquisas desenvolvidas pelo mesmo grupo. Por exemplo, o trabalho de Borba, Meneghetti e Hermini (1999) se preocupa com o que seria um trabalho de qualidade dentro da perspectiva de Modelagem, e o de Borba e Bovo (2002) analisa como que trabalhos na área de Modelagem podem redundar em pesquisas profissionais na área de Biologia, mostrando uma nova face da relação entre Educação e pesquisa, ou uma nova perspectiva da interdisciplinaridade, onde Educação Matemática e pesquisa em Biologia se encontram.

Entretanto, no contexto do GPIMEM, houve também um estudo relacionando Modelagem e formação inicial de professores.

Partindo de uma indagação inicial – "como os professores poderiam utilizar Modelagem se a prática, em geral, não [é] abordada na Licenciatura?" (BARBOSA, 2001, p. 3) –, o pesquisador chama a atenção para a tímida presença da Modelagem na formação inicial de professores de Matemática, o que pode ser uma justificativa para a escassez de estudos sobre esse tema. Por outro lado, boa parte das pesquisas sobre Modelagem e formação de professores dizem respeito à sua educação continuada (por exemplo, GAZZETTA, 1989; ANASTÁCIO, 1990; BURAK, 1992), na qual a proposta de Modelagem é apresentada. Dentro dessa perspectiva, Barbosa (2001) desenvolve um trabalho detalhado sobre formação de professores, critica parte da literatura sobre concepções de professores e relaciona a experiência que o professor tem em sua formação inicial e suas concepções de Matemática e Educação.

Voltando-nos para o propósito deste capítulo, é importante notar que a Modelagem, que surgiu dentro do GPIMEM relacionada à informática e que é vista nesse grupo como uma proposta pedagógica que tem sinergia com a informática (BORBA, 2002), ganha fôlego novo na medida em que, para compreendê-la, é necessário que não somente a interface com a informática seja analisada, mas também com outras partes da literatura em Educação, como interdisciplinaridade e formação de professores. Salientamos, assim, a importância do desenvolvimento de pesquisas em grupo (BORBA, 2000). Um trabalho em grupo permite que diversos focos sejam escolhidos, diversos procedimentos sobre o mesmo foco sejam utilizados, proporcionando uma perspectiva mais global de um fenômeno em estudo.

Por outro lado, apenas os estudos realizados por um grupo de pesquisa não são suficientes. Veja, por exemplo, que Barbosa (2001), para construir seu estudo, precisou fazer uma revisão da literatura não só de Modelagem, mas também na área de formação de professores, dentro e fora da Educação Matemática. Nesse sentido, o argumento que estamos construindo sobre a relevância de procedimentos múltiplos e focos diversos, embora entrelaçados, pode ser estendido, e justificar para alguns leitores, a importância da revisão da literatura.

Ao realizar uma pesquisa, torna-se importante que, após a definição do tema, seja encontrado um foco, que se traduz, de forma mais específica, em um problema ou pergunta de pesquisa. E um procedimento primordial nessa empreitada é a revisão da literatura, na qual o pesquisador situa seu trabalho no processo de produção de conhecimento da comunidade científica. Ela é importante não só para que "não se reinvente a roda", refazendo o que já está feito, mas também porque o exercício de encontrar lacunas em trabalhos realizados ajuda na "focalização da lente" do pesquisador. Como afirma Alves-Mazzotti (1998), no processo de revisão da literatura, o pesquisador

> [...] vai progressivamente conseguindo definir de modo mais preciso o objetivo de seu estudo, o que, por sua vez, vai lhe permitindo selecionar melhor a literatura realmente relevante para o encaminhamento da questão, em um processo gradual e recíproco de focalização (p. 180).

Devemos alertar o leitor, entretanto, para o fato de que não há um algoritmo a ser seguido. É necessário que haja alguma área de interesse para se iniciar essa revisão de literatura, a qual, por sua vez, pode transformar tal interesse ou mesmo modificá-lo totalmente. Sendo assim, conforme já discutido neste capítulo, a pergunta diretriz da pesquisa pode se transformar com o trabalho de campo, mas também com a revisão de literatura, o que nos leva ao ponto de discussão inicial deste capítulo.

Será que estamos andando em círculos? Começamos falando sobre o processo de construção da pergunta diretriz de uma pesquisa, o qual apontamos como uma característica de seu design emergente, e passamos a discutir a multiplicidade de procedimentos. Esses, dentro de um grupo de pesquisa, podem estar entrelaçados com a multiplicidade de foco que, por sua vez, se alimenta da, e alimenta a, revisão da literatura, que pode levar a mudanças na pergunta diretriz, e assim sucessivamente em um processo de construção gradativa e coletiva de conhecimento. O que está por trás disso tudo? Faz-se necessária, então, uma reflexão sobre como esse entendimento de metodologia de pesquisa se relaciona com uma concepção de conhecimento e sobre como esses se relacionam com uma visão de Educação.

Concepções de conhecimento, educação e metodologia de pesquisa

Discutimos, até agora, alguns elementos chave no desenvolvimento de pesquisas: pergunta diretriz, multiplicidade de procedimentos e de foco e revisão da literatura. Realçamos uma inter-relação entre eles, utilizando, diversas vezes, exemplos de pesquisas desenvolvidas pelo GPIMEM. Ao longo dessa discussão, procuramos destacar dois pontos importantes referentes ao modo de pesquisar: o caráter emergente do design da pesquisa e o desenvolvimento de pesquisas dentro de grupos de pesquisa.

O primeiro desses pontos, como já discutimos na seção 2, diz respeito à impossibilidade de se estabelecer, a priori, teorias e procedimentos capazes de dar conta da realidade que se investiga. Conforme afirma Alves-Mazzotti (1998), "a realidade é múltipla, socialmente construída em uma dada situação e, portanto, não se pode apreender seu significado se, de modo arbitrário e precoce, a aprisionarmos em dimensões e categorias" (p. 147). Assim, quando decidimos desenvolver uma pesquisa, partimos de uma inquietação inicial e, com algum planejamento, não muito rígido, desencadeamos um processo de busca. Devemos estar abertos para encontrar o inesperado; o plano deve ser frouxo o suficiente para não "sufocarmos" a realidade, e, em um processo gradativo e não organizado rigidamente, nossas inquietações vão se entrelaçando com a revisão da literatura e com as primeiras impressões da realidade que pesquisamos para, suavemente, delinearmos o foco e o design da pesquisa.

O segundo ponto refere-se ao pesquisar em grupos. Em um grupo de pesquisa temos, geralmente, um tema maior de interesse de seus membros. As pesquisas individuais desses membros, apesar de se relacionarem com o tema maior, podem ter focos distintos, o que faz com que cada uma delas demande diferentes revisões da literatura e diferentes procedimentos de pesquisa.

O importante de se destacar aqui é que, apesar de diferentes, essas pesquisas, e seus respectivos focos, revisões da literatura, procedimentos etc., não são disjuntos e proporcionam uma visão mais abrangente e sob diversas perspectivas do tema de interesse do grupo.

Esses dois pontos se encontram em uma forma de conceber metodologia de pesquisa que subentende uma certa visão de conhecimento. Para nós, o conhecimento não é descoberto e nem é transmitido: ele é uma produção gradativa de um coletivo pensante (LÉVY, 1999). No nosso caso, o coletivo pensante é constituído pelos pesquisadores que fazem parte do GPIMEM e pelas tecnologias da informação disponíveis no momento histórico da produção do conhecimento – os seres-humanos-com-mídias (BORBA, 2002). Além disso, esse coletivo pensante está constantemente em interação com outros coletivos. Assim, é natural que nossas pesquisas, assim como seus procedimentos, focos, revisões da literatura etc., se inter-relacionem como numa teia, que se constrói ao longo do pesquisar, promovendo uma harmonia entre procedimentos metodológicos e concepção de conhecimento, como enfatizaram Lincoln e Guba (1985), há mais de duas décadas.

Não é da alçada deste capítulo discutir se essa visão de conhecimento é adequada ou não para o desenvolvimento de pesquisas na área da Educação Matemática, ou mesmo em outras áreas. Entretanto, cabe realçar, como fazem Lincoln e Guba (1985), a necessidade de que haja uma coerência entre os procedimentos utilizados e a visão de conhecimento. Não faz sentido dizer que se quer compreender como o aluno pensa e ter testes de múltipla escolha como procedimento fundamental de uma pesquisa. Não é coerente realizar pesquisas de cunho qualitativo e não entender que a verdade que dela se origina é socialmente acordada. Nesse sentido, é importante que haja consonância (ou *ressonance*, de acordo com Lincoln e Guba ([1985]) entre visão de conhecimento e procedimentos.

Mais que isso, no caso da pesquisa em Educação, é também necessário que haja uma visão de Educação que esteja coerente com a de conhecimento e a de metodologia. Por exemplo, se se entende que há aprendizagem quando se responde de forma correta a um dado teste, é coerente que se desenhe uma pesquisa buscando a aplicação do teste. Se é privilegiada a compreensão, e não resultados certos, então é importante que se busquem procedimentos como os discutidos neste capítulo (entrevistas, observação participante, análise de vídeo) para compreender um dado fenômeno.

No nosso caso, já que entendemos conhecimento como uma produção de um coletivo pensante constituído pelos seres-humanos-com-mídias, é natural que a maior parte dos dados de nossas pesquisas seja coletada em situações nas quais os alunos/participantes estejam reunidos em grupos e tenham mídias – oralidade, escrita e informática – à sua disposição. Além do mais, como o conhecimento, para nós, não é transmitido nem descoberto, buscamos criar situações que estimulem a investigação e que levem os alunos a formular problemas, o que está em consonância com a Modelagem Matemática.

Considerações finais

Procuramos discutir, neste capítulo, algumas questões referentes à metodologia de pesquisa na área da Educação Matemática que, acreditamos, preocupa uma parcela de pesquisadores nessa região de inquérito.

Demos atenção, principalmente, à construção da pergunta diretriz, à multiplicidade de procedimentos e de focos e à revisão da literatura. Esses elementos foram relacionados sob dois aspectos principais: o design emergente da pesquisa e o desenvolvimento de pesquisas em grupos. De forma especial, buscamos destacar os fundamentos que influenciam diretamente na consonância entre esses elementos: visões de conhecimento, de Educação e de metodologia de pesquisa.

Para nós, em uma pesquisa em Educação (Matemática), a metodologia que embasa seu desenvolvimento deve ser coerente com as visões de Educação e de conhecimento sustentadas pelo pesquisador, o que inclui suas concepções de Matemática e de Educação Matemática. Portanto, o que o pesquisador acredita ser a Matemática e a Educação Matemática e seu entendimento de conhecimento e de como ele é produzido (ou transmitido, ou descoberto) são fundamentos que influenciam diretamente os resultados da pesquisa.

Portanto, em nosso entendimento, pesquisar não se resume a listar uma série de procedimentos destinados à realização de uma coleta de dados, que, por sua vez, serão analisados por meio de um quadro teórico estabelecido antecipadamente para responder a uma dada pergunta. Como procuramos deixar claro, existem fundamentos que, articulados, constituem a alma da pesquisa.

Reiteramos que a metodologia de pesquisa é importante não como um corpo rígido de passos a serem seguidos, já que acreditamos que o ser humano é o principal ator no processo de pesquisar em geral, e em particular nas Ciências Sociais. Assim, a discussão apresentada por nós não visa substituir a criatividade, as perspectivas políticas e os valores do educador-pesquisador, mas sim ser sua aliada na construção de conhecimento. Por outro lado, não cremos que exista conhecimento sem o humano, e nem que uma mera opinião sobre o que interrogamos tenha o mesmo valor de uma pesquisa qualitativa desenvolvida sob determinadas normas acordadas pela comunidade que desenvolve pesquisa. Descartar o "vale-qualquer-coisa" e criticar a rigidez, mesmo dentro da pesquisa qualitativa, que tolhe o *insight* e as ideias do pesquisador é o desafio da pesquisa qualitativa. Para isso, apresentamos a síntese provisória sobre metodologia de pesquisa, a qual foi abstraída de nossos trabalhos prévios de investigação.

Referências

ALVES-MAZZOTTI, A. J. O método nas Ciências Sociais. In: ALVES-MAZZOTTI, A. J.; GEWANDSZNAJDER, F. *O método nas Ciências Naturais e Sociais: Pesquisa Quantitativa e Qualitativa*. São Paulo: Editora Pioneira,

1998. parte I, p. 107-188.

ANASTÁCIO, M. Q. A. *Considerações sobre a Modelagem Matemática e a Educação Matemática*. 100 f. Dissertação (Mestrado) – Instituto de Geociências e Ciências Exatas, Universidade Estadual Paulista, Rio Claro, 1990.

ARAÚJO, J. L. *Cálculo, Tecnologias e Modelagem Matemática: as discussões dos alunos*. 173 f. Tese (Doutorado) – Instituto de Geociências e Ciências Exatas, Universidade Estadual Paulista, Rio Claro, 2002.

BARBOSA, J. C. *Modelagem Matemática: Concepções e experiências de futuros professores*. 253 f. Tese (Doutorado) – Instituto de Geociências e Ciências Exatas, Universidade Estadual Paulista, Rio Claro, 2001.

BENEDETTI, F. *Funções, software gráfico e coletivos pensantes. 316 f. Dissertação* (Mestrado) – Instituto de Geociências e Ciências Exatas, Universidade Estadual Paulista, Rio Claro, 2003.

BORBA, M. C. GPIMEM e UNESP: Pesquisa, extensão e ensino em informática e Educação Matemática. In: PENTEADO, M.; BORBA, M. (Orgs.). *A informática em ação: formação de professores, pesquisa e extensão*. São Paulo: Editora Olho d'Água, 2000, p. 47-66.

BORBA, M. C. O computador é a solução: mas qual é o problema? In: SEVERINO, A. J.; FAZENDA, I. C. A. *Formação docente: Rupturas e possibilidades*. Campinas: Papirus Editora, 2002, cap. 9, p. 141-161.

BORBA, M. C.; MENEGHETTI, R. C. G.; HERMINI, H. A. Modelagem, calculadora gráfica e interdisciplinaridade na sala de aula de um curso de Ciências Biológicas. *Revista de Educação Matemática da SBEM-SP*, [São José do Rio Preto], v. 5, n. 3, p. 63-70, 1997.

BORBA, M. C.; MENEGHETTI, R. C. G.; HERMINI, H. A. Estabelecendo critérios para avaliação do uso de Modelagem em sala de aula: estudo de um caso em um curso de Ciências Biológicas. In: E. K. Fainguelernt; F. C. Gottlieb (Org.) *Calculadoras gráficas e Educação Matemática*. Rio de Janeiro: Art Bureau, 1999, p. 95-113.

BORBA, M. C.; BOVO, A. A. Modelagem em sala de aula de Matemática: interdisciplinaridade e pesquisa em Biologia. *Revista de Educação Matemática da SBEM-SP*, [Catanduva], n. 6-7, p. 27-33, 2002.

BURAK, D. *Modelagem Matemática: ações e interações no processo de ensinoaprendizagem*. 329 f. Tese (Doutorado) – Faculdade de Educação, Universidade de Campinas, Campinas, 1992.

GAZZETTA, M. A. *Modelagem como estratégia de aprendizagem na Matemática em cursos de aperfeiçoamento de professores*. 150 f. Dissertação (Mestrado) – Instituto de Geociências e Ciências Exatas, Universidade Estadual Paulista, Rio Claro, 1989.

GOLDENBERG, M. *A arte de pesquisar. Como fazer pesquisa qualitativa em Ciências Sociais.* 2. ed. Rio de Janeiro: Editora Record, 1998, 107p.

LÉVY, P. *A Inteligência Coletiva: por uma antropologia do ciberespaço.* Tradução: Luiz Paulo Rouanet. 2. ed. São Paulo: Edições Loyola, 1999, 212 p.

LINCOLN, Y. S.; GUBA, E. G. *Naturalistic Inquiry.* Califórnia: Sage Publications, Inc., 1985, 416 p.

MALHEIROS, A. P. S. *A produção matemática dos alunos em um ambiente de Modelagem.* 180f. Dissertação (Mestrado) – Instituto de Geociências e Ciências Exatas, Universidade Estadual Paulista, Rio Claro, 2004.

MORSE, J. M. Designing Funded Qualitative Research. In: DENZIN, N. K.; LINCOLN, Y. S. (Eds.). *Handbook of Qualitative Research.* California: Sage Publications, 1994. cap. 13, p. 220-235.

Capítulo II

Pesquisar práticas colaborativas ou pesquisar colaborativamente?[1]

Dario Fiorentini[2]

Em estudo realizado pelo Grupo GEPFPM,[3] mostramos que existe nas literaturas nacional e internacional, bem como nas pesquisas acadêmicas brasileiras em Educação Matemática que têm como objeto de estudo práticas e grupos colaborativos, uma dispersão semântica envolvendo termos como *trabalho coletivo, trabalho colaborativo, trabalho cooperativo, pesquisa colaborativa, colegialidade artificial, pesquisa-ação, pesquisa-ação colaborativa, comunidade de prática* etc. (NACARATO *et al.*, 2003).

Esses termos são empregados ora como sinônimos, ora como se possuíssem múltiplos sentidos. Essa polissemia vem afetando não apenas a forma de conceber a organização e o trabalho de

---

[1] Este capítulo tem muitos autores: alunos da licenciatura em Matemática e da pós-graduação da FE/Unicamp, professores escolares, orientandos e colegas pesquisadores, com os quais venho, nos últimos quinze anos, mantendo interlocução e compartilhando experiências e estudos sobre a prática e a formação docente. Cada um, a seu modo, muito me ensinou e continua a me ensinar sobre como conviver e trabalhar de forma colaborativa junto aos vários grupos de pesquisa de que venho participando: Grupo Prapem (Prática Pedagógica em Matemática); GEPEC (Grupo de Estudos e Pesquisas sobre Educação Continuada); Grupo de Sábado (GdS); GEPFPM (Grupo de Estudo, Pesquisa sobre Formação de Professores de Matemática). Agradeço e dedico este capítulo a todos esses parceiros, sem os quais este trabalho não teria sido possível.

[2] Professor da Faculdade de Educação – FE/Unicamp. E-mail: dariof@unicamp.br.

[3] Grupo de Estudo e Pesquisa sobre Formação de Professores de Matemática associado ao CEMPEM/PRAPEM (Círculo de Estudo, Memória e Pesquisa/Prática Pedagógica em Matemática) da FE/Unicamp.

grupos colaborativos como, também, o modo de investigá-los ou de mobilizá-los coletivamente em processos investigativos.

Segundo Hargreaves (1998, p. 277), "a colaboração transformou-se num metaparadigma da mudança educativa e organizacional da idade pós-moderna", sobretudo, de um lado, pelo seu "princípio articulador e integrador da ação, do planejamento, da cultura, do desenvolvimento, da organização e da investigação" e, de outro, "como resposta produtiva a um mundo no qual os problemas são imprevisíveis, as soluções são pouco claras e as exigências e expectativas se intensificam". O trabalho individual, nesse contexto, tem sido visto como uma heresia; algo que deve ser reprimido a todo custo. Esse autor questiona tal entendimento, pois a cultura coletiva pode ser altamente positiva, mas, dependendo da forma como é concebida e realizada, "pode encerrar grandes perigos, podendo ser perdulária, nociva e improdutiva para professores e alunos" (HARGREAVES, 1998, p. 279).

Pretendemos, neste capítulo, aprofundar essa discussão e trazer algumas contribuições que ajudem a minimizar essa dispersão semântica. Para isso, tomamos como referência, além de alguns trabalhos nacionais e internacionais, pesquisas acadêmicas (teses de doutorado) em Educação Matemática produzidas na Unicamp que têm como objeto de estudo práticas e grupos coletivos e colaborativos além de nossa própria prática investigativa e participativa em grupos colaborativos, como é o caso do Grupo de Sábado e do GEPFPM, ambos da FE/Unicamp.

Neste capítulo, tentamos realizar, inicialmente, um mapeamento dos múltiplos sentidos e modalidades de trabalho coletivo, dando destaque especial ao trabalho cooperativo e colaborativo, à pesquisa colaborativa e à pesquisa-ação. Em seguida, descrevemos alguns aspectos característicos e constitutivos do trabalho colaborativo e de sua dinâmica e relevância ao desenvolvimento profissional dos professores. E, por último, apresentamos e ilustramos metodologicamente dois sentidos de pesquisa relacionados às práticas e aos grupos colaborativos, incluindo, também, algumas considerações sobre a pesquisa-ação.

Uma tentativa de mapeamento das diferentes modalidades ou sentidos de trabalho coletivo

Um dos trabalhos que faz uma discussão do significado de colaboração e que tem sido objeto de estudo de grupo GEPFPM e de quatro teses de doutorado da Unicamp (JIMÉNEZ, 2002; FERREIRA, 2003; LOPES, 2003; COSTA, 2004) é o do educador anglo-canadense Andy Hargreaves (1998). Para introduzir uma discussão sobre essa problemática, esse autor começa fazendo uma distinção entre quatro formas gerais de cultura docente: o individualismo, a colaboração, a colegialidade artificial e a balcanização.

Para mostrar que nem todo trabalho coletivo é autenticamente colaborativo, Hargreaves (1998) desenvolve os conceitos de *colegialidade artificial* (colaboração não espontânea nem voluntária; sendo compulsória, burocrática, regulada administrativamente e orientada para objetivos estabelecidos em instâncias de poder; sendo previsível e fixa no tempo e espaço) e de *balcanização*[4] (colaboração que divide).

Uma cultura docente balcanizada caracteriza-se pela divisão do corpo docente em pequenos subgrupos que pouco trocam e interagem entre si, podendo, às vezes, ser adversários uns dos outros. Essa situação não impede que alguns desses subgrupos sejam, internamente, grupos colaborativos.

A cultura docente balcanizada pode engendrar: a formação de grupos isolados que sejam mais confortáveis, cômodos e complacentes; conformismo em alguns integrantes, deixando de produzir individualmente e de buscar caminhos próprios; a formação de colegiados burocráticos, improdutivos e controlados administrativamente, podendo configurar-se como artifício administrativo e político ("co-optativo") de defesa de interesses particulares.

Hall e Wallace (1993), num sentido bastante próximo ao de Hargreaves (1998), desenvolvem uma tipologia de formas de trabalho coletivo, apresentando um *continuum* que vai do conflito à

---

[4] Para desenvolver este conceito, o autor tomou como modelo o processo de balcanização do Leste Europeu que envolve a Sérvia, a Croácia e a Eslovênia.

colaboração, passando por fases intermediárias de competição, coordenação e cooperação. A cooperação consistiria, então, numa fase de trabalho coletivo que ainda não chega a ser efetivamente colaborativo, pois, no trabalho cooperativo, apesar da realização de ações conjuntas e de comum acordo, parte do grupo não tem autonomia e poder de decisão sobre elas.

Boavida e Ponte (2002) também diferenciam essas duas formas de trabalho coletivo e, apoiando-se em Wagner (1997) e Day (1999), ajudam a esclarecer etimologicamente seus significados. Embora as denominações *cooperação* e *colaboração* tenham o mesmo prefixo *co*, que significa ação conjunta, elas diferenciam-se pelo fato de a primeira ser derivada do verbo latino *operare* (operar, executar, fazer funcionar de acordo com o sistema) e a segunda, de *laborare* (trabalhar, produzir, desenvolver atividades tendo em vista determinado fim). Assim, na *cooperação*, uns ajudam os outros ("co-operam"), executando tarefas cujas finalidades geralmente não resultam de negociação conjunta do grupo, podendo haver subserviência de uns em relação a outros e/ou relações desiguais e hierárquicas. Na *colaboração*, todos trabalham conjuntamente ("co-laboram") e se apoiam mutuamente, visando atingir objetivos comuns negociados pelo coletivo do grupo. Na colaboração, as relações, portanto, tendem a ser não hierárquicas, havendo liderança compartilhada e "co-responsabilidade" pela condução das ações.

Outra diferenciação que podemos estabelecer, tendo em vista os objetivos deste livro, é aquela referente a trabalho cooperativo/colaborativo e a pesquisa cooperativa/colaborativa. A maioria das pesquisas brasileiras em Educação Matemática relativas a essa temática não estabelecem, teórico-metodologicamente, uma distinção clara entre trabalho cooperativo e pesquisa cooperativa e entre trabalho colaborativo e pesquisa colaborativa. Nós, entretanto, destacamos pelo menos dois sentidos importantes de pesquisa envolvendo práticas ou grupos cooperativos/colaborativos.

Um desses sentidos concebe as práticas ou os grupos cooperativos ou colaborativos apenas como *objetos de investigação*. Um trabalho ou grupo colaborativo pode ser objeto de vários estudos e de natureza diversa. O Grupo de Sábado da Unicamp, por exemplo, em seus mais de dez anos de funcionamento, deu origem a vários estudos, dentre os quais destacamos: quatro livros publicados com narrativas e investigações de professores escolares (GPAAE, 2001; FIORENTINI; JIMÉNEZ, 2003; FIORENTINI; CRISTÓVÃO, 2006 e CARVALHO; CONTI, 2009); duas teses de doutorado (PINTO, 2003; JIMÉNEZ, 2002); e uma dissertação de mestrado (CASTRO, 2004); além de vários artigos (FIORENTINI, 2006; 2009).

O outro sentido concebe a própria pesquisa como cooperativa ou colaborativa, contando com a participação de todos os envolvidos numa prática também investigativa em que todos "co-operam" ou "co-laboram" na realização conjunta do processo investigativo que vai desde sua concepção, planejamento, realização até à fase de análise e escrita do relato final.

Mais adiante, ilustraremos e aprofundaremos esses dois sentidos de pesquisa, quando daremos destaque especial ao trabalho colaborativo e à pesquisa colaborativa. Por ora, queremos apenas mapear os múltiplos sentidos e modalidades de trabalho coletivo e suas relações com a pesquisa.

Com a Figura 1, tentamos esboçar topologicamente uma síntese desse mapeamento. Incluímos aí também a pesquisa-ação, pois esta tem sido, com frequência, entendida equivocadamente como sinônimo de pesquisa cooperativa ou colaborativa. Essa diferenciação também será esclarecida mais adiante.

Figura 1

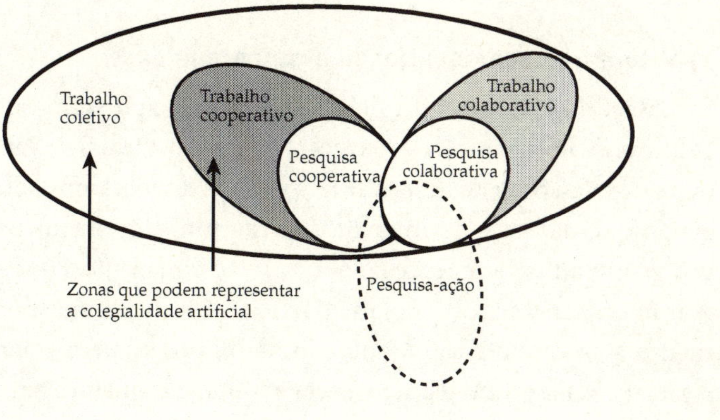

Apesar de a representação ser uma simplificação da realidade, esse esboço pode nos ajudar a compreender as várias formas de pesquisa e de trabalho coletivos. Se no nível conceitual podemos distinguir claramente pesquisa/trabalho cooperativos de pesquisa/ trabalho colaborativos, na prática essa distinção nem sempre é possível ou perceptível. Por isso, nessa representação, deixamos uma pequena zona de sobreposição entre essas duas formas de pesquisa e de trabalho, com o intuito de representar essa zona de indefinição. Além disso, como mostraremos mais adiante, a pesquisa-ação pode ser cooperativa, colaborativa ou até mesmo individual, isto é, não coletiva. Porém, nem toda pesquisa cooperativa ou colaborativa pode ser considerada pesquisa-ação.

A seguir, discutiremos, primeiramente, os aspectos característicos e constitutivos do trabalho colaborativo. Depois, nos debruçaremos sobre os dois sentidos de pesquisa relacionados às práticas e aos grupos colaborativos, incluindo, também, algumas considerações sobre a pesquisa-ação.

Aspectos característicos e constitutivos do trabalho colaborativo

Vários são os aspectos ou princípios apontados pela literatura e pelas pesquisas como fundamentais ou característicos de um trabalho colaborativo. Apresentamos aqui alguns desses aspectos que mais têm estado presentes em nossos estudos e experiências com grupos colaborativos.

1) Voluntariedade, identidade e espontaneidade

Segundo Hargreaves (1998), este é o princípio número um das culturas de colaboração. A vontade de querer trabalhar junto com outros professores, de desejar fazer parte de um determinado grupo, é algo que deve vir do interior de cada um. Em outras palavras, um grupo autenticamente colaborativo é constituído por pessoas voluntárias, no sentido de que participam do grupo espontaneamente, sem serem coagidas ou cooptadas por alguém a participar. As relações no grupo tendem a ser espontâneas quando partem dos próprios professores enquanto grupo social e evoluem a partir da própria comunidade, *não sendo*, portanto, *reguladas externamente*, embora possam, de um lado, ser apoiadas administrativamente ou mediadas/assessoradas por agentes externos e, de outro, sofrer pressões e questionamentos externos e/ou conflitos internos.

Assim, quando diretores ou coordenadores pedagógicos, por acreditarem na importância do trabalho coletivo, obrigam seus professores a fazerem parte de grupos de trabalho e estudo, podem, inconscientemente, estar contribuindo para a formação de grupos coletivos que, talvez, nunca venham a ser de fato colaborativos. É nesses casos que pode surgir o que Hargreaves (1998) tem chamado de *colegialidade artificial* ou de *balcanização*.

O mesmo pode acontecer com um pesquisador universitário que tenta cooptar professores da escola a abrirem suas salas de aula para a pesquisa acadêmica e até mesmo quando os convida para fazer parte de uma equipe de pesquisa-ação ou de um programa de educação continuada. O que podemos conseguir, nesses casos, é uma pesquisa cooperativa. Cabe, porém, deixar claro que isso não significa dizer que uma dessas formas de pesquisa é inferior ou superior à outra.

Alguns estudos, por exemplo, têm mostrado que após um longo período de trabalho conjunto, grupos formados inicialmente de forma cooptativa ou cooperativa podem tornar-se colaborativos. De fato, os grupos de estudo e pesquisa iniciam, normalmente, com uma prática mais cooperativa que colaborativa. Mas, à medida que seus integrantes vão se conhecendo e adquirem e produzem conjuntamente conhecimentos, os participantes adquirem autonomia e passam a se autorregular e a fazer valer seus próprios interesses, tornando-se, assim, grupos efetivamente colaborativos. Mas isso leva tempo e exige o enfrentamento de diversos desafios, como verificou Ferreira (2003) em relação ao grupo que conseguiu formar para a realização de sua pesquisa, constituído por professoras escolares e pesquisadoras acadêmicas, sendo ela própria uma das integrantes.

São múltiplos os motivos que mobilizam os professores a querer fazer parte de um grupo: buscar apoio e parceiros para compreender e enfrentar os problemas complexos da prática profissional; enfrentar conjuntamente os desafios da inovação curricular na escola; desenvolver projetos de inovação tecnológica, como incorporar as tecnologias de informação e comunicação (computador, internet, vídeos etc.) na prática escolar; buscar o próprio desenvolvimento profissional; desenvolver pesquisa sobre a própria prática, entre outros. Esse desejo de trabalhar e estudar em parceira com outros profissionais resulta de um sentimento de incompletude enquanto profissional e da percepção de que, sozinho, é difícil dar conta desse empreendimento.

A opção por um determinado grupo (ou querer constituir um), entretanto, é influenciada pela sua identificação com os integrantes do grupo e pela possibilidade de compartilhar problemas, experiências e objetivos comuns. Tal identificação não significa a presença de sujeitos iguais a ele (com os mesmos conhecimentos ou do mesmo ambiente cultural), mas de pessoas dispostas a compartilhar algo de interesse comum, podendo apresentar olhares e entendimentos diferentes sobre os conceitos matemáticos e os saberes didático-pedagógicos e experienciais relativos ao ensino e à aprendizagem da Matemática.

Assim, os grupos colaborativos, dependendo de seus interesses, podem se constituir de múltiplas formas. É isso, em síntese, o que mostram as seguintes pesquisas acadêmicas realizadas na Unicamp:

- entre professoras e coordenadoras pedagógicas da Educação Infantil de uma escola, tendo como mediadora uma pesquisadora em Educação Matemática e como foco de estudo e experiência em sala de aula noções de Combinatória, Estatística e Probabilidade (Lopes, 2003);

- entre professoras das séries iniciais do ensino fundamental de uma escola, num processo simultâneo de aprender geometria e tentar ensiná-la, tendo como mediadora uma professora-pesquisadora em Educação Matemática (Nacarato, 2000);

- entre professoras de Matemática de 5ª à 8ª série de uma escola, as quais tinham o propósito de incorporar as TIC na prática escolar, necessitando, para isso, da colaboração de um agente externo com domínio nesse campo (Costa, 2004);

- entre professores escolares de Matemática e acadêmicos (ou pesquisadores), como é o caso do Grupo de Sábado da FE/Unicamp, o qual foi investigado por Jiménez (2002) e Pinto (2002), e do grupo colaborativo constituído e investigado por Ferreira (2003);

- entre professores universitários, alunos bolsistas de graduação com domínio em informática e doutorandos num processo de ensinar e aprender Cálculo utilizando o software Mathematica (Souza Jr., 2000);

- entre professores escolares, licenciandos e formadores de professores (da universidade) da área de ensino de Ciências e Matemática (Guérios, 2002);

- entre uma professora-mestranda e duas professoras de classes de recuperação de ciclo (Cristóvão, 2007).

2) Liderança compartilhada e corresponsabilidade

Desde o início do projeto, são negociadas responsabilidades a serem assumidas por cada um dos participantes. Por isso, a primeira tarefa consiste em definir como será entendido o trabalho colaborativo, para, então, definir-se o papel a ser assumido por cada um no grupo. Um indício de que a colaboração ainda não está acontecendo é quando um membro do grupo pergunta: "o que vocês querem que eu faça?". Essa pergunta revela uma relação de subserviência de uns em relação a outros. Ou seja, expressa uma relação em que uns apenas cooperam com os outros, não havendo ainda uma prática construída conjuntamente, sendo cada participante responsável ou protagonista do processo. A *finalidade de um projeto*, ou o que um grupo pretende, trabalhando junto, resulta do entendimento mútuo de todos os membros. Essa liderança compartilhada depende da convergência dos saberes, das concepções e dos lugares diferenciados dos membros do grupo. Esse, portanto, é um processo que pode demorar um certo tempo, pois a busca de entendimento comum tem relação com a construção de um sentido de pertencimento e de compromisso compartilhado com o projeto e o trabalho do grupo. É um processo que significa a "busca de reciprocidade entre os significados pessoais e os compartilhados a partir de uma reflexão que tenta visualizar o momento no qual estamos e para onde nos leva o que fazemos" (LARRAÍN; HERNÁNDEZ, 2003, p. 46).

Dizemos *liderança compartilhada* quando o próprio grupo define quem coordena determinada atividade, podendo haver um rodízio nessa tarefa entre os membros do grupo. Mas num processo autenticamente colaborativo todos assumem a responsabilidade de cumprir e fazer cumprir os acordos do grupo, tendo em vista seus objetivos comuns. Todos, segundo constatação de Ferreira (2003), têm vez e voz no grupo; cada um sente-se "membro de algo que só funciona porque todos se empenham e constroem coletivamente o caminho para alcançar seus objetivos" (p. 326), não havendo hierarquia entre os membros.

Naturalmente, alguns têm uma tendência maior a liderar processos. Esses provavelmente serão indicados com mais frequência pelo grupo para assumir a coordenação. Entretanto, apesar dessas relações voluntárias e espontâneas, não significa que, num grupo colaborativo, não haja tensões decorrentes de relações internas de poder. Além disso, o que o grupo projeta como ideal em teoria, pode não funcionar na prática. Por isso, o grupo colaborativo deve ser flexível e estar permanentemente aberto e preparado para rever acordos. Mas o êxito e o fracasso dos empreendimentos do grupo dependem, em grande parte, de como enfrentam juntos os percalços e contradições do mundo da prática.

O grande desafio de um trabalho colaborativo, segundo Larraín e Hernández (2003), "é criar uma sinergia que permita não apenas a aprendizagem compartilhada, mas também a geração de um conhecimento novo, na medida em que é nutrida de vozes e de posições diferenciadas que contribuem para a melhoria da prática" (p. 45).

3) Apoio, respeito mútuo e reciprocidade de aprendizagem

Muitos estudos brasileiros têm mostrado que o apoio mútuo entre os membros do grupo é fundamental para o sucesso e a sobrevivência de seu ambiente colaborativo. Esse apoio pode ser intelectual, técnico ou afetivo, como mostra o estudo de Costa (2004) em relação à dificuldade de os professores incorporarem as TIC na prática escolar: "Então a coisa foi caminhando bem. [...] Se surgia alguma dificuldade pedia apoio ao grupo, um ajudou o outro, teve essa mediação em qualquer dificuldade que encontrasse" (Prof.ª Cida *apud* COSTA, 2004, p. 141).

No Grupo de Sábado da Unicamp tem se tornado habitual os professores trazerem suas expectativas, sucessos, achados, angústias, frustrações e dilemas da prática profissional para compartilhar com o grupo: "[...] falávamos de nossas angústias, fracassos e sucessos em sala de aula, não só nas aulas de álgebra, mas de tudo o que vivenciávamos na semana, nas aulas de matemática" (Conceição *apud* FIORENTINI, 2006, p. 19).

O grupo, nesses casos, tem, de um lado, manifestado profundo respeito aos saberes conceituais e experienciais que cada professor traz para os encontros, bem como em relação às suas dificuldades e possíveis falhas, e, de outro, dado apoio emocional e tentado encontrar colaborativamente soluções para os problemas. Isso tem contribuído para aumentar a confiança, a autoestima e o respeito mútuo dos professores. O ambiente, assim, tende a tornar-se franco e aberto à crítica construtiva, sem que alguém imponha como verdade única, seu ponto de vista. Isso significa a possibilidade de o grupo não chegar a consensos, podendo coexistir no grupo entendimentos e conceitos divergentes.

Outro tipo de apoio mútuo encontrado no Grupo de Sábado (GdS) é o incentivo emocional e o suporte teórico-metodológico às inovações pedagógicas, às investigações e às tentativas de escrita dos professores. São evidentes o incentivo e o apoio dado pelo grupo aos colegas que tentam implementar mudanças em suas práticas escolares. Sabendo que pode contar com o apoio do colega, ninguém teme em compartilhar com o grupo algum

COLEÇÃO TENDÊNCIAS EM EDUCAÇÃO MATEMÁTICA

fracasso ou tentativa malsucedida de mudança da prática escolar. O grupo, nessas situações, mediante reflexão compartilhada, tem tentado tirar lições e novos aprendizados sobre o trabalho docente nas escolas atuais, ressignificando, assim, os saberes e as práticas dos professores e dos formadores de professores (JIMÉNEZ, 2002; PINTO, 2002):

> O mais importante de tudo foi a discussão [do grupo]. Porque aprendi a olhar o que fiz com um outro olhar, num outro tempo, e vi coisas diferentes naquilo; aprendi que aquilo tinha um valor. [E isso] me ajudava a ser uma profissional melhor (Juliana *apud* PINTO, 2002, p. 133).

Outra forma de apoio encontrado nos grupos investigados por Ferreira (2003) e por Jiménez (2002) é o suporte que a universidade e os acadêmicos podem proporcionar aos professores escolares. Além de conhecimentos teórico-científicos, os acadêmicos têm colaborado com professores escolares no fornecimento de material didático, na sugestão de textos e estudos e, principalmente, na assessoria a projetos de elaboração de propostas e materiais de ensino. Entretanto, temos verificado que, à medida que o grupo colaborativo vai se consolidando, os professores tornam-se mais autônomos, e essa ajuda teórico-metodológica dos acadêmicos fica sensivelmente reduzida.

Além desses três aspectos, poderíamos destacar outros, tais como: ação e reflexão compartilhadas, diálogo, negociação, confiança mútua etc. Mas se considerarmos os sentidos que esses termos podem assumir, veremos que eles se encontram, implícita ou explicitamente, presentes nos três aspectos acima desenvolvidos.

Fazendo uma síntese dos resultados obtidos pelas pesquisas desenvolvidas na Unicamp e tendo por base também o estudo desenvolvido pelo GEPFPM (NACARATO *et al.*, 2003), poderíamos conceber um grupo de trabalho colaborativo como sendo aquele em que:

- a participação é voluntária e todos os envolvidos desejam crescer profissionalmente e buscam autonomia profissional;

- há um forte desejo de compartilhar saberes e experiências, reservando-se, para isso, um tempo livre para participar do grupo;

- há momentos, durante os encontros, para bate-papo informal, reciprocidade afetiva, confraternização e comentários sobre experiências e episódios da prática escolar ocorridos durante a semana;

- os participantes sentem-se à vontade para expressar livremente o que pensam e sentem e estão dispostos a ouvir críticas e a mudar;

- não existe uma verdade ou orientação única para as atividades. Cada participante pode ter diferentes interesses e pontos de vista, aportando distintas contribuições e diferentes níveis de participação;

- as tarefas e atividades dos encontros são planejadas e organizadas de modo a garantir que o tempo de reunião do grupo seja o mais produtivo possível;

- a confiança e o respeito mútuo são essenciais ao bom relacionamento do grupo;

- os participantes negociam metas e objetivos comuns, corresponsabilizando-se para atingi-los;

- os integrantes compartilham significados acerca do que estão fazendo e aprendendo, e o que isso significa para suas vidas e sua prática profissional;

- têm oportunidade de produzir e sistematizar conhecimentos através de estudos investigativos sobre a prática de cada um, resultando, desse processo, a produção de textos escritos os quais possam ser publicados e socializados aos demais professores, como tem acontecido no GdS;

- há reciprocidade de aprendizagem. Mesmo nos grupos que envolvem professores escolares e acadêmicos, como é o caso do GdS, todos os participantes, professores da escola e formadores de professores, aprendem uns com os outros. Todos se constituem, no grupo, em aprendizes e "ensinantes". Os acadêmicos aprendem com os professores escolares os saberes experienciais que estes produzem no contexto complexo e adverso da prática escolar, ressignificando, assim, seus saberes profissionais enquanto formadores de professores. Os professores, face aos seus desafios e problemas, com a ajuda dos acadêmicos, produzem, como verificou Jiménez (2002), ressignificações sobre o que sabem e fazem: "No grupo [...] tenho algo a oferecer aos colegas e muito a aprender com eles" (ADILSON *apud* FIORENTINI, 2006, p. 19).

Além disso, cabe destacar que a reciprocidade de aprendizagem também acontece entre os novatos e os veteranos em um grupo colaborativo, como evidenciam Borba (2000) e Fiorentini (2009).

Borba (2000), ao analisar a dinâmica do trabalho de pesquisa do grupo GPIMEM – o qual é constituído por participantes experientes e novatos: alunos de iniciação científica e de iniciação à atividade de extensão, mestrandos, doutorandos e pesquisadores-orientadores – também verificou a existência de reciprocidade de aprendizagem e de apoio mútuo entre novatos e veteranos:

> [...] os professores, mais velhos, socializam os mais novos no fazer pesquisa. Por outro lado, há professores, mais velhos, sendo ensinados por alunos, alunos de iniciação científica ensinando doutorandos... Desta forma, a ideia de socialização inversa, no qual alguém mais novo guia o processo de aprendizagem do mais velho, acontece com frequência no GPIMEM (BORBA, 2000, p. 52).

Fiorentini (2009) evidenciou que professores iniciantes e experientes, ao participarem colaborativamente de trabalhos intelectuais comuns, levantam, ambos, problemas, "identificam discrepâncias entre teorias e práticas, desafiam rotinas comuns, apoiam-se mutuamente para coconstruir novos conhecimentos e tornar visível muito do que é considerado dado ou implícito no processo ensino-aprendizagem" (p. 249).

Pesquisa colaborativa e pesquisa sobre práticas ou grupos colaborativos

Quando tentamos mapear os múltiplos sentidos e modalidades de trabalho coletivo e suas relações com a pesquisa, destacamos dois sentidos importantes de pesquisa envolvendo práticas ou grupos cooperativos/colaborativos.

O primeiro é aquele em que as *práticas e grupos cooperativos ou colaborativos aparecem como objetos de investigação*. Essa modalidade de pesquisa é geralmente encontrada nos trabalhos acadêmicos traduzidos em tese/dissertação de doutorado ou mestrado. São estudos que visam investigar questões específicas relativas ao processo de trabalho ou pesquisa do grupo.

Vejamos, a seguir, dois exemplos desse tipo de pesquisa ocorrida junto ao GdS.

Pinto (2002), por exemplo, investigou como três professores escolares de Matemática tornaram-se professores escritores sobre suas práticas, tendo como contexto de ação, reflexão e investigação o trabalho colaborativo do Grupo de Sábado. Para aproximar-se do processo que estava sendo vivido por esses três professores, em relação à prática da escrita, valeu-se da abordagem histórico-cultural, tentando apreender o movimento de produção de sentidos que eles, em interlocução com outras pessoas do grupo, produziam sobre essa prática. Utilizou para isso, os próprios registros produzidos sobre os encontros do grupo, um pequeno questionário e entrevistas semiestruturadas. Pinto (2002, p. 173-174) concluiu, com o estudo realizado, que

> um ponto nuclear e comum aos processos experienciados pelos três professores com a prática da escrita tenha sido o trabalho colaborativo que fomos construindo e instaurando no grupo. Cada participante teve um papel muito importante no trabalho de escrita do outro, ajudando, sugerindo,

> estimulando e confortando. Nas várias (re)leituras feitas
> de seus textos, os colegas do grupo colaboravam para [...]
> que enxergassem e percebessem nuances no que haviam
> escrito; nuances que, sozinhos, talvez não conseguissem
> ou demorassem mais tempo para perceber.

Como podemos perceber, Pinto (2002), para poder desenvolver a sua pesquisa, contou, inicialmente, com a cooperação de três integrantes do grupo que se colocaram à disposição da pesquisadora para responder a um questionário, conceder entrevista e ler, rever e discutir as análises e interpretações produzidas pela pesquisadora sobre o processo vivido por cada um. Embora Pinto tenha, para isso, apresentado seu projeto de pesquisa ao grupo – obtendo, além do consentimento de todos, algumas sugestões de natureza metodológica – a concepção do problema investigativo, as conclusões, o relato final e a autoria do estudo foram exclusivos dela. Mas, por outro lado, a integrante do grupo Renata Pinto colaborou, juntamente com os outros participantes, no planejamento e na análise das experiências curriculares desenvolvidas pelos professores e, sobretudo, no processo de produção de seus textos escritos.

Portanto, embora de lugares e perspectivas diferentes, todos trabalharam juntos (co-laboraram uns com os outros): "ao ajudar você, ao colaborar com você, também me ajudo, colaboro comigo mesma. Nossas vozes são enunciadas do lugar que cada um ocupa, mas todos trabalhamos juntos, somos ajudados, ajudamo-nos e ajudamos os outros" (PINTO, 2002, p. 175). Entretanto, apesar de o estudo ter sido produzido num ambiente de trabalho colaborativo, não podemos assegurar que a pesquisa desenvolvida por Pinto possa ser qualificada metodologicamente como pesquisa colaborativa.

Apesar de utilizar uma outra metodologia de pesquisa, o estudo acadêmico desenvolvido por Jiménez (2002) junto ao GdS, também não pode ser caracterizado como pesquisa colaborativa. Chama nossa atenção, inicialmente, o fato de que Jiménez, diferentemente de Pinto (2002), não desenvolveu intervenção alguma no grupo ou sobre algum participante, visando o desenvolvimento de seu projeto de pesquisa. De fato, limitou-se a investigar o processo de reciprocidade e ressignificação de saberes, de ideias e de práticas que ocorria durante o processo de trabalho colaborativo do grupo. Valendo-se de registros em diário de campo, de gravações em áudio das discussões e reflexões produzidas durante os encontros do grupo e de narrativas/histórias de aulas de Matemática escritas pelos professores sobre suas experiências, desenvolveu uma análise do discurso produzido no e pelo grupo, tentando identificar e analisar os significados compartilhados nos encontros e confrontos entre professores da escola e da universidade.

O estudo evidenciou que as discussões tornavam-se bastante ricas, permitindo a produção de novos significados sobre o ensino e os conceitos matemáticos, quando o objeto da reflexão coletiva era a prática discursiva que acontecia na sala de aula dos próprios professores, sobretudo em situação de inovação curricular na qual o aluno era concebido como alguém capaz de produzir significados e conhecimentos. Entretanto, quando essa reflexão passava por um processo investigativo do professor, que compreendia coleta de material produzido pelos alunos e análise escrita (narrativas) do professor – mediada pela reflexão coletiva do grupo – a ressignificação dos saberes e das práticas, tanto dos professores escolares quanto dos acadêmicos, se tornava ainda mais rica e contributiva.

Essas teses acadêmicas e a permanente colaboração de seus autores e do orientador trouxeram contribuições significativas para a metodologia de trabalho e pesquisa do grupo, tanto que, após três anos de funcionamento, o Grupo de Sábado sistematizaria sua própria metodologia de trabalho colaborativo e investigativo dos professores escolares. Essa metodologia poderia ser assim sintetizada:

1) O ponto de partida são, geralmente, os problemas ou desafios vivenciados pelos professores em suas práticas profissionais na escola;
2) Esses problemas são trazidos para o grupo para reflexão coletiva, e, sempre que possível e necessário, todos se mobilizam na busca de literatura pertinente ao caso;

3) A partir dessas leituras e de uma melhor compreensão do fenômeno, são planejadas, com a colaboração do grupo, algumas tarefas ou ações a serem desenvolvidas em sala de aula na(s) escola(s);

4) Os professores que desenvolveram experiências em sala de aula, a partir dessas tarefas, procuram registrar (em diário de campo ou através de gravação em áudio ou vídeo) informações e impressões acerca das atividades realizadas em classe, recolhendo, inclusive, anotações ou registros escritos dos alunos;

5) A partir desses registros, o professor produz, por escrito, um primeiro ensaio narrativo no qual relata e reflete sobre o que aconteceu em classe;

6) Esse ensaio e os registros relativos às aulas são levados para discussão e análise do GdS, onde recebe contribuições que ajudam a aprofundar a análise da experiência, obtendo outras interpretações e compreensões;

7) Com base nessas discussões e contribuições do grupo, o professor conclui o estudo e o texto narrativo, o qual retornará ao GdS para ser novamente discutido e revisado pelo grupo. O processo só termina quando o grupo considera o texto pronto para publicação (Fiorentini; Jiménez, 2003, p. 7).

Grande parte das 11 narrativas publicadas no segundo livro do grupo (Fiorentini; Jiménez, 2003) foi produzida sob essa metodologia colaborativa de trabalho. Nesses textos, os professores narram suas experiências e investigações de sala de aula, permeadas pelas vozes dos alunos em processo de aprendizagem e enriquecidas pelas reflexões e análises do Grupo de Sábado. Os temas abordados por esses textos tratam do ensino de geometria (estudo de ângulos, perímetro e área), do cálculo mental, de noções de estatística e de álgebra.

Essa metodologia de pesquisa desenvolvida pelos professores escolares no GdS, a rigor, também não poderia ser denomina de pesquisa colaborativa, pois, assim como ocorreu com os estudos acadêmicos de Jiménez (2002) e Pinto (2002), os estudos produzidos pelos professores têm sido, até 2004, investigações desenvolvidas e escritas individualmente, embora contem com a mediação colaborativa do grupo. Mediação essa que envolve discussão coletiva do problema em estudo, participação colaborativa na preparação de material didático (geralmente tarefas) para intervenção em classe, análise das atividades desenvolvidas em sala de aula e leitura e revisão dos textos escritos. Porém, o processo de concepção do problema de estudo, a experiência em sala de aula e a respectiva narrativa escrita tem sido reservado a apenas um dos participantes do grupo.

A partir de 2005, no entanto, começaram a surgir no GdS alguns projetos investigativos que podem ser considerados pesquisas colaborativas. Quatro trabalhos publicados no terceiro livro do grupo (FIORENTINI; CRISTÓVÃO, 2006) podem ser identificados como pequenas investigações colaborativas. Dentre esses, destaco Parateli *et al.* (2006) e Fernandes *et al.* (2006). No primeiro caso, quatro professoras do ensino básico desenvolveram e analisaram experiências de ensinar e aprender Matemática através do uso de escrita discursiva dos alunos sobre seu processo de aprender. No segundo caso, um professor em formação inicial, um professor universitário e uma professora do ensino fundamental desenvolveram conjuntamente um projeto cujo objetivo era investigar as potencialidades pedagógicas das investigações matemáticas no ensino da álgebra elementar.

Como mostramos em Fiorentini (2009), a análise das aprendizagens e da constituição da identidade de um grupo colaborativo, sobretudo de seus participantes, pode ser desenvolvida tendo como ferramentas analíticas o conceito de *aprendizagem situada* em comunidades de prática (LAVE; WENGER, 1991) e a *teoria social de aprendizagem em comunidades de prática* (WENGER, 1998). Embora nem toda comunidade de prática seja necessariamente um grupo colaborativo, essas ferramentas são úteis, porque entendemos que todo grupo colaborativo constitui-se em uma comunidade de prática.

De fato, *comunidade de prática*, para Lave e Wenger (1991, p. 99), compreende um coletivo de pessoas que comungam "um sistema de atividades no qual compartilham compreensões sobre aquilo que fazem e o que isso significa em suas vidas e comunidades". Por outro lado, a teoria social de aprendizagem em comunidades de prática, conforme Wenger (1998), parte do pressuposto de que a aprendizagem é um fenômeno social que acontece mediante participação ativa e direta em práticas de comunidades sociais, independentemente de estas serem intencionalmente pedagógicas. Para saber mais sobre as possibilidades dessas ferramentas de análise no estudo da aprendizagem e do desenvolvimento da identidade de participantes em um grupo colaborativo, veja Fiorentini (2009).

A maioria dos estudos acadêmicos produzidos na Unicamp que têm como objeto de investigação práticas e grupos colaborativos, a rigor, não podem ser considerados exemplos de pesquisas colaborativas, embora alguns deles, como é o caso de Ferreira (2003) e Souza Jr. (2000), tenham tido como foco de investigação o processo e a dinâmica de trabalho colaborativo dos grupos investigados. Ferreira (2003, p. 11), reconhece, inclusive, que sua investigação não se caracteriza como *pesquisa colaborativa*, pois, para ser colaborativa, "todo o processo de pesquisa – definição da pergunta, escolha da metodologia, coleta e análise de dados, bem como a construção da base teórica" – teria que ser decidida e compartilhada pelos envolvidos. Mas eu iria além. Penso que, numa pesquisa colaborativa, não basta que o projeto e a pesquisa de campo sejam compartilhados com todo o grupo. É preciso que a escrita e a autoria do relatório final também sejam compartilhadas.

Neste sentido, como dissemos em Fiorentini (2002), uma dissertação ou uma tese acadêmica dificilmente poderão ser consideradas pesquisa colaborativa, pois a autoria e o processo de escrita – e, portanto, de análise, segundo argumento de Artrichter *et al.* (1996)[5] – é normalmente reservado a uma única pessoa. O que se pode conseguir, em situações como essas, é

---

[5] Segundo esses autores "escrever não é apenas comunicar resultados definitivos de uma análise, mas escrever é em si uma forma de análise. É uma continuação do processo de análise sob uma restrição mais severa, porque precisamos dar contorno e forma aos nossos pensamentos interiores. [...] estas grandes dificuldades são um indício de que escrever significa aprofundar nossa perspectiva e nossa reflexão" (p. 192).

desenvolver um projeto investigativo cooperativo no qual os participantes cooperam com o pesquisador na realização da pesquisa acadêmica. Isso não significa, porém, que o trabalho que acontece no coletivo não seja colaborativo. O que um projeto de pesquisa de tese acadêmica poderia, nesses casos, é realizar uma metapesquisa sobre o trabalho colaborativo que acontece no grupo, podendo, inclusive, este último ter sido uma pesquisa colaborativa.

Entretanto, cabe destacar que essa posição defendida por mim na edição original deste livro precisa agora ser revista, considerando principalmente o surgimento de uma nova modalidade de tese denominada *multipaper*. Trata-se de uma tese que contém um conjunto de artigos, sendo estes geralmente escritos em coautoria com o orientador. Essa modalidade de tese já é comum no exterior. No Brasil, é mais frequente na área da Saúde. Nesse formato, o corpo da tese se divide em três partes principais: a introdução, na qual é descrito objeto da pesquisa, com destaque para a problemática e os objetivos, o contexto da pesquisa e os procedimentos metodológicos relativos à coleta e à análise dos dados, podendo incluir também a revisão bibliográfica; o conjunto de *papers*, tendo cada artigo um objetivo próprio e distinto; e as conclusões, que tecem algumas amarrações e interrelações entre os resultados apresentados pelos *papers*. Na área de Educação, no Brasil, esta modalidade de tese pode ser encontrada no Programa de Pós-Graduação em Ensino, Filosofia e História das Ciências da UFBA. Veja, por exemplo, a tese de Oliveira (2010), que traz em seu corpo dissertativo três artigos em coautoria com o orientador. Em síntese, vejo que esse formato de tese abre a possibilidade de se produzir uma tese sob a modalidade colaborativa. A pesquisa colaborativa, portanto, implica parceria e trabalho conjunto – isto é, um processo efetivo de "co-laboração" e não apenas de "co-operação", ao longo de todo o processo investigativo, passando por todas as suas fases, que vão desde a concepção, planejamento, desenvolvimento e análise do estudo, chegando, inclusive, à "co-participação" do processo de escrita e de autoria do relatório final.

Essa modalidade de pesquisa está sendo desenvolvida no GEPFPM (FE/Unicamp) desde 2002. O número de participantes do grupo tem variado de 10 a 15 participantes, sendo sete doutores (formadores de professores), alguns doutorandos e mestrandos. Conta, eventualmente, com a presença de professores da escola básica. O grupo, até 2010, realizou mais de uma dezena de pesquisas colaborativas. A maioria são pesquisas sob as modalidades *estado da arte* e *meta-análise qualitativa* relativas à pesquisa brasileira sobre formação de professores que ensinam matemática. Dentre esses, destaco Fiorentini *et al.* (2002; 2011), Nacarato *et al.* (2003), Miskulin *et al.* (2005), Passos *et al.* (2006) e Grando *et al.* (2009). Há também um estudo sobre as condições de trabalho e de desenvolvimento profissional de professores paulistas de Matemática no contexto pós-moderno (FREITAS *et al.*, 2005).

Para desenvolver colaborativamente pesquisas como essas, o grupo, inicialmente, discute e negocia conjuntamente a concepção do projeto de estudo, destacando o problema a ser investigado, o recorte teórico-metodológico, a delimitação do trabalho de campo e o processo de coleta de informações, o cronograma de execução e quais seriam as contribuições e responsabilidades de cada participante no desenvolvimento da pesquisa. Concluída essa etapa de planejamento, faz-se um levantamento dos voluntários que manifestam interesse e disponibilidade de tempo para desenvolver colaborativamente o projeto de pesquisa.

A nossa experiência, entretanto, mostra que esse processo não é fácil. Há vantagens e desvantagens. A principal vantagem é que conseguimos unir esforços em torno de projetos que, individualmente, levariam muito tempo para serem desenvolvidos. Além de o processo de análise e interpretação dos dados ser enriquecido pelos múltiplos olhares do grupo, há, também, uma aprendizagem compartilhada tanto em relação aos conhecimentos gerados durante o processo de pesquisa quanto ao processo de investigar colaborativamente.

As desvantagens ficam por conta das tensões decorrentes das relações de poder entre os participantes e do cumprimento dos prazos individuais e coletivos. Isso tem afetado, muitas vezes, as relações interpessoais do grupo e exige dos participantes flexibilidade para rever acordos e, sobretudo, respeito ao ritmo de produção e às limitações teórico-metodológicas de cada um e a disponibilidade de tempo para se dedicar ao projeto. Outra dificuldade que temos sentido no grupo é o momento da escrita do relatório final do estudo. Escrever, a muitas mãos, tem sido um desafio para todos nós. Uma alternativa que parece ajudar, neste sentido, é a redução do número de responsáveis pela produção da escrita final. Os demais colaboram com a leitura e a revisão atenta do texto. Mas como todos são autores e corresponsáveis pelo processo de pesquisa, estamos experimentando um processo de revezamento: da coordenação do trabalho de pesquisa e dos encontros de estudo do grupo; da elaboração das atas dos encontros; na composição da equipe responsável pela escrita final do texto; na indicação do primeiro autor do trabalho etc.

Embora o GEPFPM não tenha realizado pesquisa colaborativa com professores escolares sobre temática de interesse destes últimos, alguns de seus membros têm desenvolvido, em suas instituições, processo de *pesquisa-ação colaborativa*. A seguir, abordaremos esse tipo de pesquisa.

E por falar em pesquisa-ação...

A denominação *pesquisa-ação* tem sido utilizada com frequência para fazer referência a uma modalidade de pesquisa de intervenção na prática, sendo muitas vezes entendida como sinônimo de pesquisa coletiva ou cooperativa acerca de um problema, "no qual os pesquisadores e os participantes representativos [...] do problema estão envolvidos de modo cooperativo ou participativo" (THIOLENT, 1988, p. 14).

Tendo por base a concepção de pesquisa-ação de Thiolent, o GPA (Grupo de Pesquisa-Ação, vinculado à UNESP de Rio Claro) tem conceituado seu processo de pesquisa-ação como uma *intervenção diferencial autorregulada* que compreende os seguintes passos:

1) Os participantes estruturam a cena de suas salas de aula a partir da reflexão conjunta na plenária; 2) agem diferencialmente dentro da margem de liberdade profissional ou acadêmica; 3) trazem os resultados da ação para novo debate na plenária (SOUZA; LINARDI; BALDINO, 2002, p. 11).

A pesquisa-ação, nesse sentido, é um processo investigativo de intervenção em que caminham juntas prática investigativa, prática reflexiva e prática educativa. Ou seja, a prática educativa, ao ser investigada, produz compreensões e orientações que são imediatamente utilizadas na transformação dessa mesma prática, gerando novas situações de investigação.

Na pesquisa-ação, portanto, o pesquisador se introduz no ambiente a ser estudado não só para observá-lo e compreendê-lo, mas, sobretudo, para mudá-lo em direções que permitam a melhoria das práticas e maior liberdade de ação e de aprendizagem dos participantes (PEREIRA, 1998). Ou seja, é uma modalidade de ação e observação centrada na reflexão-ação. Esse conceito não se distancia daquele originariamente desenvolvido por Kurt Lewin (1946), o qual associava os momentos da pesquisa-ação ao movimento de uma espiral autorreflexiva formada por ciclos sucessivos de: planejamento, ação, observação, registros, análise, resultados, novo planejamento...

Assim posto, a pesquisa-ação pode ser individual ou coletiva. Individual, por exemplo, quando um professor desenvolve uma investigação sobre sua prática (isto é, uma intervenção intencionada e planejada com coleta e análise de informações). Sendo coletiva, ela pode ser cooperativa (envolvendo participantes que "co-operam" com os pesquisadores), como entende Thiolent (1988), ou colaborativa como preferem Fiorentini (2000) e Pimenta, Garrido e Moura (2001).

Pimenta, Garrido e Moura (2001) chamam de *pesquisa-ação colaborativa* a pesquisa cuja metodologia qualitativa visa "criar uma cultura de análise das práticas nas escolas, tendo em vista suas transformações pelos professores, com a colaboração dos professores universitários" (p. 9). Neste sentido, a pesquisa-ação colaborativa deixa de ser pesquisa *sobre* os professores para tornar-se pesquisa *com* professores, aproximando-se do que temos chamado, neste texto, simplesmente de *pesquisa colaborativa* (FIORENTINI, 2000).

O relatório de uma pesquisa-ação, como mostramos em Fiorentini e Lorenzato (2006), consiste na descrição e análise do trabalho desenvolvido/produzido, destacando sobretudo os avanços obtidos tanto no âmbito da prática como no das ideias do grupo.

Entretanto, tem sido bastante comum professores e alguns investigadores iniciantes confundirem pesquisa-ação com prática reflexiva (individual ou coletiva) dos professores sobre seu trabalho. Alguns destes, inclusive, por não conseguirem configurar claramente sua metodologia de pesquisa, afirmam, às vezes de maneira simplista e sem maiores justificativas, que adotam a pesquisa-ação como metodologia de pesquisa.

Embora possamos considerar a pesquisa-ação como uma técnica especial de coleta de informações, ela também pode ser vista como uma modalidade de pesquisa que torna o participante da ação um pesquisador de sua própria prática, e o pesquisador, um participante que intervém nos rumos da ação, orientado pela pesquisa que realiza. Acreditamos que esse é o principal sentido da pesquisa-ação. E, em que pese o sufixo "ação", a pesquisa-ação também deve ser concebida como um processo investigativo intencionado, planejado e sistemático de investigar a prática.

Contudo, sob o ponto de vista acadêmico, esse processo pode não encontrar suporte teórico-epistemológico, como alerta Ponte (2002), em nenhum dos três paradigmas clássicos de investigação: o positivista, o interpretativo e o crítico. Esse autor chega a falar na necessidade da emergência de um quarto paradigma, o qual possa sustentar esse tipo de investigação com aprofundamento epistemológico e critérios mais consistentes de qualidade, mostrando "bons exemplos, o seu valor e potencialidades como instrumento de formação, de mudança educacional e como forma de construção de conhecimento válido sobre a educação" (p. 23).

Eu, particularmente, não vejo que essa exigência acadêmica deva ser obedecida. Em Fiorentini (2002), argumento que a coerência, a consistência e a qualidade da investigação do professor sobre seu trabalho docente não reside, necessariamente, na filiação e no seguimento rigoroso de um determinado enquadramento teórico-metodológico, mas em uma atitude cuidadosa, organizada, ética, reflexiva e crítica de privilegiar seu objeto de estudo, tentando contemplar os múltiplos aspectos do fenômeno educativo e de seus protagonistas, buscando, para isso, os aportes teóricos que melhor convêm ao caso.

Assim, uma mesma investigação pode contemplar procedimentos de vários paradigmas sem que, com isso, a investigação perca qualidade ou torne-se eclética. Ao contrário, os diferentes aportes teórico-metodológicos podem proporcionar não apenas perspectivas complementares, mas, sobretudo, entendimentos que ajudam a (re)significar a compreensão do fenômeno mediante triangulação de informações de fontes diversas e de interpretações múltiplas. Isto porque, segundo Vattimo (2004, p. 3), "não existe uma única maneira de descrever os fatos objetivamente e que, para aproximar-se deles, pode-se fazer uso de muitos pontos de vista." Além disso, não existem verdades inquestionáveis e objetivas. "A verdade tem mais a ver com o lugar que se ocupa na trama social do que com uma descrição exata dos fatos." Ou seja, as diversas interpretações são condicionadas pelo lugar de onde se veem as coisas.

Algumas palavras finais

O trabalho colaborativo e a pesquisa colaborativa, entre profissionais do ensino de diferentes instituições e níveis de ensino, têm surgido no mundo inteiro como uma resposta às mudanças sociais, políticas, culturais e tecnológicas que estão ocorrendo em escala mundial. Mudanças essas que colocam em xeque as formas tradicionais de educação e desenvolvimento profissional de professores e de produção de conhecimentos.

Como consequência desse movimento, várias concepções e modelos de colaboração e de pesquisa colaborativa têm surgido nos últimos dez anos no Brasil e no exterior no âmbito da Educação Matemática. Poucos, entretanto, têm sido os estudos que tentam sistematizar essas experiências e trazer compreensões e novos subsídios teórico-metodológicos e epistemológicos para essa modalidade de prática profissional e de pesquisa.

O esforço de sistematização desses processos que tentamos modestamente empreender neste capítulo, tendo como referência nossa experiência de vinte anos de estudos e experiências na formação inicial e continuada de professores de Matemática, representa apenas um primeiro passo na busca de nossa própria compreensão dessas dinâmicas colaborativas. Esperamos que essa compreensão também seja extensiva ao leitor, seja ele pesquisador, formador de professores ou professor escolar. Todos temos, ainda, muito a aprender e a ensinar uns aos outros nesse sentido. Muitos outros estudos se fazem necessários, tanto de âmbito da prática quanto de âmbito teórico, epistemológico e metodológico.

Referências

ALTRICHTER, H.; POSCH, P.; SOMEKH, B. *Teachers Investigate Their Work: An Introduction to the Methods of Action Research*. London; New York: Outledge, 1996.

BOAVIDA, A. M.; PONTE, J. P. Investigação colaborativa: potencialidades e problemas. In: GTI – Grupo de Trabalho e Investigação (Ed.). *Reflectir e investigar sobre a prática profissional*. Lisboa: APM, 2002. p. 43-55.

BORBA, M. C. GIPIMEM e UNESP: pesquisa, extensão e ensino em Informática e Educação Matemática. In: PENTEADO, M. G.; BORBA, M. C. (Org.). *A informática em ação: formação de professores, pesquisa e extensão*. São Paulo: Olho D'Água, 2000. p. 47-66.

CASTRO, J. F. *Um estudo sobre a própria prática em um contexto de aulas investigativas de Matemática*. 2004. 196 p. Dissertação (Mestrado em Educação: Educação Matemática) – FE/Unicamp, Campinas, São Paulo.

COSTA, G. M. *Professor de matemática e as tecnologias de informação e comunicação: abrindo caminho para uma nova cultura profissional*. 2004. 195 p. Tese (Doutorado em Educação: Educação Matemática) – FE/Unicamp, Campinas, São Paulo.

CRITOVÃO, E. M. *Investigações matemáticas na recuperação de ciclo II e o desafio da inclusão escolar*. 2007. 152p. Dissertação (Mestrado em Educação: Educação Matemática) - FE/Unicamp, Campinas, SP, 2007.

DAY, C. *Developing Teachers: The Challenges of Lifelong Learning*. London: Falmer, 1999.

FERNANDES, F. L. P.; FIORENTINI, D.; CRISTOVÃO, E. M. Investigações matemáticas e o desenvolvimento do pensamento algébrico de alunos de 6ª série. In: FIORENTINI, D.; CRISTOVÃO, E. M. (Orgs.). *Histórias e investigações de/em aulas de Matemática*. Campinas: Alínea, 2006. p. 227-244.

FERREIRA, A. C. *Metacognição e desenvolvimento profissional de professores de matemática: uma experiência de trabalho colaborativo*. 2003. 367 p. Tese (Doutorado em Educação: Educação Matemática) – FE/Unicamp, Campinas, São Paulo.

FIORENTINI, D. Pesquisando "com" professores – reflexões sobre o processo de produção e ressignificação dos saberes da profissão docente. In: MATOS, J. F.; FERNANDES, E. (Eds.). *Investigação em Educação Matemática – perspectivas e problemas*. Lisboa: APM, 2000. p. 187-195.

FIORENTINI, D. Recensão sobre o livro "Reflectir e Investigar sobre a Prática Profissional". *Quadrante*, Lisboa, v. 11, n. 2, p. 99-107, 2002.

FIORENTINI, D. *et al.* Formação de professores que ensinam Matemática: um balanço de 25 anos da pesquisa brasileira. *Educação em Revista – Dossiê: Educação Matemática*, Belo Horizonte, UFMG, n. 36, p. 137-160, 2002.

FIORENTINI, D.; JIMÉNEZ, D. (Orgs.). *Histórias de aulas de Matemática: compartilhando saberes profissionais*. Campinas: Editora Gráfica FE/UNICAMP–CEMPEM, 2003.

FIORENTINI, D.; LORENZATO, S. *Investigação em Educação Matemática: Percursos teóricos e metodológicos*. Campinas: Autores Associados, 2006.

FIORENTINI, D.; CRISTOVÃO, E. M. (Orgs.). *Histórias e investigação de/em aulas de Matemática*. Campinas: Alínea, 2006.

FIORENTINI, D. Grupo de Sábado: Uma história de reflexão e escrita sobre a prática escolar em matemática. In: FIORENTINI, D.; CRISTOVÃO, E. M. (Orgs.). *Histórias e investigações de/em aulas de Matemática*. Campinas: Alínea, 2006. p. 13-36.

FIORENTINI, D. Quando acadêmicos da universidade e professores da escola básica constituem uma comunidade de prática reflexiva e investigativa. In: FIORENTINI, D; GRANDO, R. C.; MISKULIN, R. G. S. (Orgs.). *Práticas de formação e de pesquisa de professores que ensinam matemática*. Campinas: Mercado de Letras, 2009. p. 233-255.

FIORENTINI, D. *et al.* Interrelations Between Teacher Development and Curricular Change: A Research Program. In: BEDNARZ, N.; FIORENTINI, D.; HUANG, R. (Eds.). *International Approaches to Professional Development for Mathematics Teachers: Explorations of Innovative Approaches to the Professional*

Development of Math Teachers from Around the World. Canada: University of Ottawa Press, 2011. p. 281-219.

FREITAS, M. T. M. *et al.* O desafio de ser professor de matemática hoje no Brasil. In: FIORENTINI, D.; NACARATO, A. M. (Orgs.). *Cultura, formação e desenvolvimento profissional de professores que ensinam matemática.* São Paulo: Musa, 2005. p. 89-105.

GRANDO, R. C. *et al.* Inter-relações entre desenvolvimento docente e mudança curricular: um programa de pesquisa em educação matemática. In: FIORENTINI, D; GRANDO, R. C.; MISKULIN, R. G. S. (Orgs.). *Práticas de formação e de pesquisa de professores que ensinam matemática.* Campinas: Mercado de Letras, 2009. p. 279-302.

GUÉRIOS, E. C. *Espaços oficiais e intersticiais da formação docente: histórias de um grupo de professores na área de Ciências e Matemática.* 2002. 217 p. Tese (Doutorado em Educação: Educação Matemática) – FE/Unicamp, Campinas, São Paulo.

JIMÉNEZ, A. *Quando professores de Matemática da escola e da universidade se encontram: re-significação e reciprocidade de saberes.* 2002. 237 p. Tese (Doutorado em Educação: Educação Matemática) – FE/Unicamp, Campinas, São Paulo.

HALL, V.; WALLACE, M. Collaboration as a Subversive Activity: A Professional Response to Externally Imposed Competition between Schools? *School Organisation,* v. 13, n. 2, p. 101-117, 1993.

HARGREAVES, A. *Os professores em tempo de mudança: o trabalho e a cultura dos professores na idade Pós-Moderna.* Portugal: MacGraw-Hill, 1998.

LARRAÍN, V.; HERNÁNDEZ, F. O desafio do trabalho multidisciplinar na construção de significados compartilhados. *Pátio,* v. 7, n. 26, p. 45-47, 2003.

LAVE, J.; WENGER, E. S. *Situated Learning: Legitimate Peripheral Participation.* Cambridge: Cambridge University Press, 1991.

LEWIN, K. Action Research and Minority Problems. *Journal of Social Issues,* v. 2, p. 34-36, 1946.

LOPES, C. E. *O conhecimento profissional dos professores e suas relações com estatística e probabilidade na educação infantil.* 2003. 281 p. Tese (Doutorado em Educação: Educação Matemática) – FE/Unicamp, Campinas, São Paulo.

MISKULIN, R. G. S. *et al.* Pesquisas sobre trabalho colaborativo na formação de professores de matemática: um olhar sobre a produção do Prapem/Unicamp. In: FIORENTINI, D.; NACARATO, A. M. (Orgs.). *Cultura, formação e desenvolvimento profissional de professores que ensinam Matemática.* São Paulo: Musa, 2005. p. 196-219.

NACARATO, A. M. *A educação continuada sob a perspectiva da pesquisa-ação: currículo em ação de um grupo de professores ao aprender ensinando geometria.* 2000. 323 p. Tese (Doutorado em Educação: Educação Matemática) – FE/Unicamp, Campinas, São Paulo.

NACARATO, A. M. *et al.* Um estudo sobre pesquisas de grupos colaborativos na formação de professores de matemática. In: *Anais do II SIPEM.* Santos: SBEM, 2003.

OLIVEIRA, A. M. P. *Modelagem matemática e as tensões nos discursos dos professores.* 2010. 185 p. Tese (Doutorado em Ensino, Filosofia e História das Ciências) – Universidade Federal da Bahia, Salvador, Bahia.

PARATELI, C. A. *et al.* A escrita no processo de aprender matemática. In: FIORENTINI, D.; CRISTOVÃO, E. M. (Orgs.). *Histórias e investigações de/em aulas de Matemática.* Campinas: Alínea, 2006. p. 39-53.

PASSOS, C. L. B. *et al.* Desenvolvimento profissional do professor que ensina Matemática: Uma meta-análise de estudos brasileiros. *Quadrante,* Lisboa, APM, v. 15, n. 1-2, p. 193-219, 2006.

PEREIRA, E. M. A. Professor como pesquisador: o enfoque da pesquisa-ação na prática docente. In: GERALDI, C. M. G.; FIORENTINI, D.; PEREIRA, E. M. A. (Orgs.). *Cartografias do trabalho docente: professor(a)-pesquisador(a).* Campinas: Mercado das Letras; ALB, 1998. p. 153-181.

PINTO, R. A. *Quando professores de Matemática tornam-se produtores de textos escritos.* 2002. 246 p. Tese (Doutorado em Educação: Educação Matemática) – FE/Unicamp, Campinas, São Paulo.

PIMENTA, S. G.; GARRIDO, E.; MOURA, M. O. Pesquisa colaborativa na escola facilitando o desenvolvimento profissional de professores. *In: Anais da 24ª Reunião Anual da ANPED.* Caxambu, MG, 2001.

PONTE, J. P. Investigar a nossa própria prática. In: GTI – Grupo de Trabalho e Investigação (Ed.). *Reflectir e investigar sobre a prática profissional.* Lisboa: APM, 2002. p. 5-28.

SOUZA, A. C. C.; LINARDI, P. R.; BALDINO, R. R. Pesquisa-ação diferencial. *Zetetiké,* Campinas, Cempem – FE/Unicamp, v. 10, n. 17-18, p. 9-41, 2002.

SOUZA JR., A. J. *Trabalho coletivo na universidade: trajetória de um grupo no processo de ensinar e aprender cálculo diferencial e integral.* 2000. 323 p. Tese (Doutorado em Educação: Educação Matemática) – FE/Unicamp, Campinas, São Paulo.

THIOLENT, M. *Metodologia da pesquisa-ação.* São Paulo: Cortez, 1988.

VATTIMO, G. O adeus à verdade dos fatos. *Folha de S.Paulo*, São Paulo, 29 fev. 2004. Caderno Mais! p. 3.

WAGNER, J. The Unavoidable Intervention of Educational Research: A Framework for Reconsidering Resercher-Practicioner Cooperation. *Educational Researcher*, v. 26, n. 7, p. 13-22,1997.

WENGER, E. *Communities of Practice: Learning, Meaning and Identity.* Cambridge: Cambridge University Press, 1998.

Capítulo III

História Oral e Educação Matemática

Antonio Vicente Marafioti Garnica[1]

Tematizar História Oral num livro sobre Metodologia de Pesquisa implica, de início, a necessidade de explicitar, antes, duas concepções que fundamentarão este capítulo, a saber: o que entendo por História Oral e o que entendo por metodologia. Disso seguirá – segundo penso – uma caracterização geral do que seja tomar a História Oral como uma metodologia qualitativa de pesquisa para a Educação Matemática. A realização dessa caracterização, entretanto – e por sua vez –, implica reconhecer a transitoriedade das concepções acerca de uma abordagem bastante recente em Educação Matemática, algumas vezes ainda vista com reservas pela comunidade. Essa realização transitória, portanto, tem, num grau bastante elevado, a pretensão de constituir-se em documento a ser apreciado, discutido, negociado, complementado e revisto pela comunidade de educadores matemáticos para que, refletindo sobre ele, percebam a viabilidade e as possibilidades da História Oral como instrumento para a compreensão

---

[1] Professor do Departamento de Matemática da Universidade Estadual Paulista – UNESP – de Bauru, SP, e dos Programas de Pós-Graduação em Educação Matemática (UNESP de Rio Claro, SP) e Educação para a Ciência (UNESP de Bauru, SP). E-mail: vgarnica@fc.unesp.br.

da Matemática em situações de ensino-aprendizagem e de seus entornos constitutivos.

História e História Oral

"História Oral" é, já, uma expressão simplificada. Melhor seria dizermos "a constituição de fontes de estudo a partir da oralidade" ou "a elaboração de fontes, a partir da oralidade, que podem disparar um exercício historiográfico". Ao mobilizarmos a História Oral em trabalhos acadêmicos registramos memórias, e estes registros servirão para os fins que os pesquisadores julgarem adequados dar a eles. Assim, mobilizar a História Oral não implica, diretamente, comprometer-se com a utilização das fontes constituídas para fins historiográficos ainda que as fontes constituídas – elas próprias – sejam elaboradas pelo oralista, intencionalmente, como fontes historiográficas. Constituir fontes historiográficas, entretanto, não significa que essa intenção – que condiciona a produção da fonte – possa ser predeterminada por quem quer que seja. Isto é, registrado o depoimento e disponibilizado o registro, os leitores atribuirão a essa fonte o significado que puderem atribuir, mobilizando-a para compreender o objeto que desejam compreender. As fontes elaboradas a partir da mobilização da História Oral como metodologia são cuidadas do ponto de vista ético (todo depoente tem pleno direito às suas memórias e, portanto, tem papel fundamental na decisão sobre o registro e os modos e instâncias de divulgação desses registros) e estético (as negociações entre pesquisador e depoente estabelecem o modo de fixação da oralidade pela escrita, seguindo alguns princípios e respeitando-se a subjetividade de ambos). O oralista registra subjetividades, e a plausibilidade desses registros – uma preocupação do oralista no momento da coleta dos depoimentos e durante a elaboração dos registros escritos – deve ser também avaliada pelos que deles forem fazer uso. Assim, o pesquisador pode "refinar" o texto que constitui em parceria com seu depoente, interferindo – na redação ou no momento da entrevista – ao incorporar pontos de vista, por exemplo, no *corpus* do texto e/ou em notas de rodapé, desde que essas complementações sejam apreciadas e aprovadas pelo depoente. A legitimidade dessas ações – e, consequentemente, a legitimidade de afirmar que as fontes constituídas são fontes historiográficas – requer um lastro: a fundamentação em concepções específicas sobre certos conceitos como significado, interpretação, verdade, linguagem, subjetividade, (im)parcialidade, história etc.. Este texto pretende discutir alguns desses conceitos e os modos como eles operam quando o pesquisador se vale da História Oral. Inicialmente, porém, já podemos afirmar que, segundo nossas perspectivas, as fontes geradas pelo oralista são historiográficas no sentido de registrarem perspectivas de um modo comprometido, responsável, ético; são historiográficas por serem o registro de uma verdade – a verdade do sujeito –; são historiográficas pois "falam" de um tempo, de uma condição, de um espaço, de um modo de existir, de falar, de se portar; são historiográficas, portanto, num sentido amplo, aquele no qual a concepção de historiografia passa a aceitar como legítima a presença de subjetividades para entender a duração, as alterações e permanência das "coisas" no tempo e no espaço. Assim, preocupações em torno do conceito "história" (o que é praticar, escrever história; quais os distanciamentos e aproximações entre história e memória etc.) estão no cerne do trabalho do oralista, mesmo que suas fontes não sejam constituídas especificamente para disparar trabalhos "propriamente historiográficos". Essas preocupações, portanto, devem justificar a presença do termo "história" na expressão que nomeia essa abordagem – História Oral – que defenderemos como uma metodologia qualitativa de pesquisa

Muito já se discutiu sobre a relação oralidade e escrita (que certamente assume uma dimensão especial quando o tema "História Oral" vem à cena) e do vínculo entre essa relação e a Historiografia. Por muito tempo varreu-se a subjetividade da ciência e, em consequência, da Historiografia. Por muito tempo negligenciou-se ou secundarizou-se a oralidade como instrumento legítimo para escrever a história, preferindo a ela o que se julgava ser a segurança da escritura, a verdade das grafias, os arquivos-oráculos. Para praticar historiografia, não vejo escrita e oralidade em oposição, mas como possibilidades complementares. Historiadores – tanto antigos como contemporâneos – afirmam sobre as vantagens da utilização de várias fontes para a compreensão do mundo, pelo viés da História: o estudo dos homens no tempo. Negar os arquivos escritos como recurso de pesquisa seria um equívoco tão alarmante quanto negar a importância da oralidade para entender a temporalidade e, nessa temporalidade, as circunstâncias humanas. Entretanto, penso ser possível, sim, negar certos modos de enfrentamento com as fontes, quaisquer que sejam elas.

Nossas concepções nos indicam modos para enfrentarmos o mundo ao mesmo tempo em que esses enfrentamentos manifestam nossas concepções. Eu falo a partir das concepções segundo as quais vejo o mundo e, portanto, falo de Historiografia e História Oral segundo alguns princípios específicos. Segundo esses princípios posso detectar uma oposição sensível entre a História Oral e a historiografia tradicional,[2] mas ela não está no pseudoconflito oral/escrito: está no modo de conceber o que seja uma operação historiográfica legítima. O que chamo de historiografia "clássica" refere-se às concepções que, concordando com Thompson (1988, p. 55), nascem na esfera acadêmica alemã, notadamente nos trabalhos – e nas indicações de parâmetros "metodológicos" para assegurar a cientificidade da história – de Leopold von Ranke, que conduziu, em Berlim, um dos mais influentes seminários sobre pesquisa historiográfica da Europa. É de von Ranke a afirmação imperativa (e, consequentemente, a origem das concepções que ela engendra e que abordagens historiográficas mais recentes pretendem – ao

---

[2] "Historiografia tradicional" ou "historiografia clássica" são expressões que necessitam, reconheço, maior aprofundamento, o que não farei neste texto, embora acredite que alguns elementos fundamentais para a compreensão do que pretendo significar com isso estejam aqui presentes. O leitor também notará certo descuido – proposital, resultado de uma opção estética por evitar repetições vocabulares – com o uso dos termos história e historiografia. Digamos, em síntese, que a historiografia é a escrita da história. A historiografia é uma prática social da qual resultam registros da duração. Particularmente, a historiografia é uma prática acadêmica.

menos – relativizar) de que a História deveria ser registrada "como realmente ocorreu". Disso, posso compreender, ainda que caricaturalmente, que o passado é um lugar cujo acesso é possível e que tanto melhor será acessado quanto mais adequado for o caminho que eu escolher percorrer e o modo de percorrê-lo. Disso, posso compreender que algo – uma ação, uma palavra – tem um significado que lhe é próprio, inerente, e será aquele algo – e não outro (aquela ação – e não outra –, aquela palavra – e não outra) para qualquer um que queira compreendê-los (a ação, a palavra, o passado) desde que sejam usadas ferramentas adequadas. Compreensões imperfeitas, lacunares, enganosas, obscuras são resultados de opções metodológicas equivocadas, falhas. O significado, como o passado, está em algum lugar o que chega a ser tão certo quanto a minha memória estar "dentro" de mim e eu poder pensar, "de fora", o mundo no qual eu vivo.

A mera atribuição de paternidade a uma ideia – recurso muitas vezes equivocadamente empregado para situar uma origem –, na verdade, pouco situa. Adjetivar de "rankeana" uma certa concepção é quase nada dizer. É necessário, para além dessa atribuição de paternidade, dessa adjetivação, conhecer as motivações – os entornos ideológicos – que permitiram o surgimento e a divulgação da ideia de que eu posso registrar o passado como ele realmente foi, e segundo a qual tudo que não seja esse registro – e não outro – é fantasia, ficção ou quimera.

Entender o surgimento dessa concepção "rankeana" de historiografia implica entender a necessidade de manutenção do *status* acadêmico, que primava por uma individualização crescente e prezava a radical dissociação entre o mundo científico e a vida comum para que, no século XIX, pudesse ser elaborada a figura do historiador profissional. Mas tal como ocorre em outras instâncias da experiência humana, há que se prezar a mescla de posições que comumente convivem num mesmo espaço. Embora algumas ideias sejam projetadas ideologicamente de modo mais radical e, por isso, permaneçam vigentes por mais tempo e com mais força, a manutenção convive com a ruptura:

Dewey conviveu com Torndike assim como von Ranke foi contemporâneo de Michelet.[3]

Falar de uma história "verdadeira", de uma história que "realmente aconteceu" – o que muitas vezes fica implícito quando falamos "A" história – é desprezar a existência de vieses alternativos, de versões outras que não as tidas como "reais", "corretas", "verídicas". É, do mesmo modo, negligenciar como, por que e por quem essa história tomada como definitiva e unívoca é constituída. Neste rastro vem a heroificação do "objeto" histórico (o homem é, via de regra, o diferenciado, aquele que desponta entre os muitos comuns, em situações incomuns, despregadas do solo das vivências cotidianas) em eventos pontuais, "momentos" cujos únicos registros adequados (porque confiáveis), mantidos em arquivos, são aqueles fixados pela escrita.

Uma primeira – e extremamente significativa – revolução nesse panorama surge com a Escola dos *Annales*. Para entender, de modo breve, alguns dos pressupostos desse novo paradigma, dois cenários precisam ser esboçados. Para constituir essas paisagens estaremos apoiados em Reis (2000).

Primeira paisagem. Alsácia-Lorena, Universidade de Estrasburgo, final do século XIX. Fincada numa região ostensivamente germanizada, que no ano de 1893 volta a pertencer aos franceses, a Universidade de Estrasburgo foi articulada com o objetivo de consolidar a presença da França naquela fronteira com a Alemanha e de germanizá-la.

Segunda paisagem. Europa, primeira metade do século XX, a experiência da derrota. Derrotas militares, políticas e individuais. Desconfiança nos militares, estrategistas, grandes indivíduos. Percepção da finitude, do fracasso.

Nesse cenário nasce, na década de 1920, de um grupo de estudiosos ligados à Universidade de Estrasburgo, um dos mais

---

[3] Ellen Langemann em seu *An Elusive Science* mostra como as concepções antagônicas de Educação – e consequentemente, de pesquisa em Educação – de Dewey e Thorndike conviveram e como as teorias e práticas do segundo se impuseram às do primeiro, configurando o panorama educacional americano. Michelet, por sua vez, é historiador emblemático quanto à utilização de fontes alternativas na historiografia. Textos seus como *O povo* valem-se fartamente de fontes "alternativas" para o registro histórico.

fascinantes e revolucionários movimentos da "ciência" do mundo ocidental, a Escola dos *Annales*, defendendo um novo paradigma para os estudos históricos, rompendo com a historiografia "tradicional" de Ranke e de Langlois e Seignobos.[4] Num ensaio sobre a história das mentalidades, Phillipe Ariès, um dos atuais representantes dessa História Nova, aponta como componentes-fundadores desse movimento os franceses Lucien Febvre e Marc Bloch, o belga Henri Pirenne, geógrafos como A. Demangeon, sociólogos como L. Lévy-Bruhl e M. Halbwachs. E acrescenta:

> Todavia, embora fosse o mais bem organizado, o mais combativo, o grupo dos *Annales* não era o único. Cumpre acrescentar a ele personalidades independentes e solitárias que tiveram o mesmo papel pioneiro: o célebre historiador holandês Huizinga, autores que permaneceram obscuros durante muito tempo, como o alemão Norbert Elias [...] ou ainda autores um pouco marginais, quero dizer, cuja relação com a história das mentalidades não apareceu e não foi logo reconhecida, como Mário Praz (ARIÉS. In: LE GOFF, 1990, p. 155).

A caracterização de uma nova concepção do tempo histórico e de sua representação pode, segundo Reis (2000, p. 73-86) ser feita a partir de elementos significativos. A *interdisciplinaridade* (os historiadores, particularmente aqueles da Universidade de Estrasburgo, vivendo em ambiente extremamente fecundo, constatam a impossibilidade de cooperação interdisciplinar caso mantivessem a representação tradicional – linear, teleológica, sucessão pautada no evento, na assimetria passado/futuro – do tempo histórico); a *longa-duração* (bastante próximo ao conceito de "estrutura social": "as mudanças humanas, embora ocorrendo e sendo percebidas, endurecem-se, desaceleram-se, estruturam-se. [...] a mudança ocorre, não segundo Heródoto e a história tradicional, mas por uma 'dialética da duração': a mudança é limitada e não tende à ruptura

---

[4] Em síntese, Langlois e Seignobos são estudiosos franceses responsáveis pela popularização das posturas rankeanas. É deles o livro *Introduction aux études historiques (Introdução aos estudos históricos)*, de 1898, cuja tradução para o português, hoje esgotada, é de 1949.

descontrolada. *[...]* O tempo dos *Annales* é uma desaceleração cautelosa"); a *ampliação do conceito de fonte histórica* (a documentação passa a ser considerada como registro da passagem do homem pelo mundo); *motivada por problemas, a história como construção* ("na história tradicional, sem documentos não há história. Para os *Annales*, sem problema não há história. [...] a história tradicional considerava os fatos como já presentes nos documentos", para os *Annales*, mesmo que resistindo à análise e à ação, os fatos precisam ser construídos a partir das fontes); o *método retrospectivo* (o "ídolo das origens" – que Bloch pretendeu destronar –, consiste na ideia de que o mais próximo pode ser sempre explicado pelo mais distante. Para Bloch, ao contrário, "não basta conhecer o começo ou o passado de um processo para explicá-lo. Explicar não é estabelecer uma filiação. O presente guarda uma certa autonomia e não se deixa explicar inteiramente pela sua origem. O presente está enraizado no passado, mas conhecer essa raiz não esgota seu conhecimento. Ele exige um estudo em si, pois é um monumento original, que combina origens passadas, tendências futuras e ação atual". Trata-se de trafegar – e essa é a essência do chamado "método regressivo" – do mais conhecido – o próximo, o presente – ao menos conhecido – o distante, o passado. "Esse método é o sustentáculo da história-problema: temática, essa história elege, a partir da análise do presente, os temas que interessam a esse presente, problematiza-os e trata-os no passado, trazendo informações para o presente, que o esclarecem sobre sua própria experiência vivida").

Num processo de alterações e adaptações, a escola dos *Annales* passa por várias fases. A primeira delas, quando se tecia a renovação da historiografia, vai de 1929 a 1946, tendo à frente Bloch e Febvre. A segunda fase, de 1946 a 1968, caracteriza-se pela direção de Braudel, sendo o período no qual se consolida o programa teórico da escola, radicalizando o pensamento dos fundadores. A terceira fase, de 1968 a 1988, tem sido chamada a fase da Nova Nova História (*Nouvelle Nouvelle Histoire*), quando a importância da economia, ressaltada por Braudel, é reduzida, segundo os historiadores, pelas exigências impostas pelo mundo contemporâneo. Segundo Reis (2000, p. 113-114), a História associa-se a novas disciplinas (psicanálise, antropologia, linguística, literatura, semiótica, mitologia comparada, climatologia, paleobotânica) e novas técnicas são utilizadas (carbono 14, análise matemática, modelos, dendrocronologia, computadores). A história passa a ser escrita no plural: são 'histórias de'... e pode ser feita a partir de múltiplas perspectivas. O interesse central é plural, múltiplo, heterogêneo, disperso. O todo é, agora, inacessível e só se pode abordar a realidade social por partes. É a História em migalhas.

Na década de 1990, voltam ao cenário a narrativa, a biografia e o evento, até então desprezados – mas não ao todo desconsiderados – nos *Annales*. As narrativas, porém, intervêm com espírito novo. Agora, a narração ocupa-se da vida, dos sentimentos, do cotidiano não só de grandes e poderosos. Foucault e Ricoeur, por exemplo, são chamados à cena para a consolidação desse projeto.

A mudança paradigmática dos *Annales* e suas decorrências, portanto, alteram radicalmente a cena e o perfil dos atores da História. No contexto fervilhante de uma história em migalhas várias são as abordagens que despontam para a compreensão do fato histórico, as ousadias metodológicas, as distintas perspectivas, as múltiplas e variadas fontes agora são tomadas como legítimas. A oralidade, que sempre serviu de recurso e inspiração aos historiadores, surge, realçada, subsidiando uma das modernas tendências historiográficas. Desponta o que chamamos de História Oral.

Embora o registro de situações a partir do relato oral de experiências vivenciadas já fosse, desde o início do século XX – em especial com a chamada Escola Sociológica de Chicago – uma técnica bastante utilizada, é o surgimento dos gravadores portáteis que se impõe como fator decisivo para o florescimento da História Oral. Allan Nevins é citado como seu precursor devido às gravações que realizou com personalidades americanas – dentre as quais destaca-se a biografia de Henry Ford – logo após a segunda grande guerra, mas ele próprio nega essa paternidade, afirmando que a História Oral nasceu por si mesma, por uma patente necessidade de se aproveitar os recursos tecnológicos mais atualizados como um suporte para a preservação das memórias que o tempo teima em colocar no esquecimento (Cf. Dunaway; Baum, 1996). A expansão das atividades industriais e a atenção – dada principalmente pela Antropologia – aos "excluídos", no processo de industrialização no mundo contemporâneo, intensificam a utilização das memórias gravadas como recursos para a pesquisa, numa série de estudos de casos. Não se trata mais de privilegiar as grandes personalidades públicas – o que ocorreu mesmo na História Oral, em seus inícios –, mas de voltar o olhar à particularidade dos marginalizados. Em seu processo de desenvolvimento, afirmam os autores que a História Oral vem buscando, mais recentemente, estudar grupos e populações de segmentos médios, que dão um panorama mais nítido da realidade. Esses estudos têm em comum a tendência a não "coisificar", "factualizar" – e, decididamente, a não heroificar – os indivíduos-depoentes, mas preservá-los em sua integridade de sujeitos, registrando uma rica pluralidade de pontos de vista, apostando na potencialidade da constituição de múltiplas e distintas versões de um "mesmo"[5] acontecimento. Segundo Paul Thompson, notadamente três fatores distinguem e validam a abordagem da História a partir de evidências orais: a oralidade permite ressaltar, tornando mais dinâmicos e vivos, elementos que, de outro modo, por outro instrumento de coleta, seriam inacessíveis; a evidência oral permite compreender, corrigir ou complementar outras formas de registro – quando existem – e, finalmente, a evidência oral traz consigo a possibilidade de transformar "objetos" de estudos em "sujeitos", ao evitar que, como na "historiografia clássica", os atores da História sejam compreendidos a distância e (re)elaborados em uma "forma erudita de ficção".

Este texto defende que a História Oral é uma contribuição significativa para a Educação Matemática, podendo ser entendida

---

[5] As aspas se justificam: elas têm a função de alertar o leitor para a inexistência de um "mesmo" acontecimento, já que cada relato de um acontecimento constrói o acontecimento, e não simplesmente registra o "que está lá" para ser apreendido de diferentes modos.

como uma abordagem qualitativa de pesquisa dentre as muitas que têm frequentado o cenário da produção nacional. Para argumentar sobre essa afirmação – que não é consensual entre os que, mesmo em Educação Matemática, trabalham com História Oral – um parêntese deve ser feito: trata-se de apresentar – ainda que brevemente – o que concebo como metodologia e como pesquisa qualitativa.

Metodologia, Pesquisa Qualitativa e História Oral

Um método sempre traz, em si, a noção de eficácia. Cuida-se de engendrar um mecanismo que, de modo julgado eficaz, nos dê pistas para compreender determinada situação, resolver determinado problema, responder a determinada questão ou encaminhar determinados entraves. A eficácia, porém, será julgada segundo os pressupostos teóricos e vivências do pesquisador, e esse é o motivo principal de não se poder apartar uma metodologia de uma concepção de mundo e dos fundamentos teórico-filosóficos do pesquisador. Uma metodologia, porém – e portanto – não é um conjunto de métodos que possa ser tratado de um modo meramente procedimental. Isso pretende significar que os limites das metodologias e de seus pressupostos teóricos devem ser continuamente testados, confrontados, avaliados. Em Educação Matemática – espaço no qual trafegamos com mais familiaridade –, o exercício quanto aos limites teóricos tem sido muito timidamente operacionalizado, o que fica claro se considerarmos as resistências a novas abordagens e posturas alternativas que ocorrem internamente em nossa comunidade, mesmo sabendo que o discurso sobre a necessidade de ouvir o diferente sempre foi por nós arduamente defendido.

É necessário questionar, também, uma prática cada vez mais comum: a do julgamento de uma produção a partir – apenas – de sua pureza metodológica (um hábito nefasto que se restringe a avaliar apenas a descrição e a justificação técnica dos procedimentos de investigação). Temos nos esforçado muito pouco – se julgarmos que essa necessidade estende-se a todos que participam da comunidade e não só a alguns pesquisadores – para colocar sob suspeita nossos fundantes epistemológicos. A sensível ausência de esforços para compreender quais são e como operam nossas concepções sobre o conhecimento nos afasta, cada vez mais, do processo de produção desse conhecimento, sem o que nossos discursos alternativos sobre complexidade e totalidade, por exemplo, naufragam nos já conhecidos processos que não ultrapassam a lógica formal, o princípio-meio-fim linearizado e justificado por um método bem definido.

É nessa esfera que entendo a questão metodológica. A opção por um método deve, sim, estar pautada por critérios sobre a eficácia, a adequação e a consistência com relação às nossas propostas de investigação, mas, além disso, optar por um método implica sustentar uma argumentação sobre as concepções que a ele subjazem, exercitando continuamente a testagem dos limites desse método e de seus pressupostos teórico-filosóficos, avaliando seus resultados e tornando públicos suas conquistas e embaraços, no desejo de ultrapassá-los.

A produção sobre Metodologia de Pesquisa foi bastante significativa até um passado não muito distante, mas atualmente temos, de modo geral, nos dedicado pouco a compreender esse tema e atualizá-lo. À ênfase no estudo e na aplicação dos testes estatísticos e dos questionários, ocorrido nas décadas de 1940 e 1950, seguiu-se um considerável esforço para romper com as abordagens parametrizadas pelo Positivismo e frequentemente, de modo equivocado, colocou-se uma abordagem qualitativa como rival de uma abordagem quantitativa sem se cuidar dos limites e pressupostos de ambas. Em Educação Matemática, por exemplo, a caracterização da pesquisa qualitativa segue – com algumas poucas alterações – os parâmetros dados por Bogdan e Biklen no início da década de 1980.

Segundo minha concepção, o adjetivo "qualitativa" estará adequado às pesquisas que reconhecem: (a) a transitoriedade de seus resultados; (b) a impossibilidade de uma hipótese *a priori*, cujo objetivo da pesquisa será comprovar ou refutar; (c) a não neutralidade do pesquisador que, no processo interpretativo, vale-se de suas perspectivas e filtros vivenciais prévios dos quais não consegue se desvencilhar; (d) que a constituição de suas compreensões dá-se não como resultado, mas numa trajetória em que essas mesmas compreensões e também os meios de obtê-la podem ser (re)configuradas; e (e) a impossibilidade de estabelecer regulamentações, em procedimentos sistemáticos, prévios, estáticos e generalistas. Aceitar esses pressupostos é reconhecer, em última instância, que mesmo esses pressupostos podem ser radicalmente reconfigurados à luz do desenvolvimento das pesquisas.

Muito se tem falado acerca da necessidade de uma pergunta diretriz para as pesquisas e muitos têm utilizado a existência ou não dessa interrogação como fundamental para que o adjetivo "qualitativa" possa ser aplicado à investigação. Penso que essa é uma visão um tanto quanto reducionista, ainda mais quando o termo "pergunta" implica, necessariamente, a frase interrogativa que via de regra surge nas aberturas dos trabalhos. Existe, sim, um cenário que o pesquisador procura compreender, cenário este com limitações bastante rigorosas, impostas, principalmente, pela impossibilidade de serem focadas, numa pesquisa, todas as instâncias que nela própria se vislumbram e que, nitidamente, estão ligadas a entornos que, por sua vez, têm outras ramificações que exigem compreensão. É uma imposição da própria limitação humana. Seguramente essa limitação pode ser minimizada em processos de pesquisa coletiva e também por isso é que tenho defendido como essencial um questionamento sobre a individualização no campo científico e tentado viabilizar investigações coletivamente pensadas e desenvolvidas.

Assim, segundo essas minhas concepções sobre Metodologia e sobre Pesquisa Qualitativa, creio que posso afirmar ser a História Oral uma metodologia qualitativa de pesquisa significativa para a Educação Matemática. Optar pela História Oral, portanto, é optar por uma concepção de História e reconhecer os pressupostos que a tornaram possível. É inscrever-se num paradigma específico, é perceber suas limitações e suas vantagens e, a partir disso, (re) configurar os modos de agir de maneira a vencer as resistências e ampliar as vantagens. Portanto, não se trata simplesmente de optar pela coleta de depoimentos e, muito menos, de colocar como rivais escrita e oralidade. Trata-se de entender a História Oral como método caracterizado pela criação de fontes historiográficas – desde que a concepção de historiografia, como defendo, seja alargada – a partir da oralidade. Optar pela História Oral implica abraçar a perspectiva de que é impossível constituir "A" história, mas é possível – e necessário – (re)constituir versões, considerando os atores sociais que vivenciaram certos contextos e situações, considerando como elementos essenciais, nesse processo, as memórias desses atores – via de regra negligenciados – sem desprestigiar, no entanto, os dados "oficiais", sem negar a importância de fontes primárias, de arquivos, de monumentos, dos tantos registros possíveis. Não havendo uma história "verdadeira", trata-se de procurar pela verdade das histórias, (re)constituindo-as como versões, analisando como se impõem os regimes de verdade que cada uma dessas versões cria e faz valer. Aqueles que se valem da História Oral são, portanto, criadores de fontes; constroem, com o auxílio de seus depoentes/colaboradores, registros que são "enunciações em perspectiva"; registros cuja função é preservar a voz do depoente – muitas vezes alternativa e dissonante – que o constitui como sujeito e que nos permitem (re)traçar um cenário, um entrecruzamento do quem, do onde, do quando e do porquê.

É, portanto, sob essa ótica que se considera a História Oral uma metodologia de pesquisa. Subjaz a esse modo de ver a intenção de ultrapassar e/ou confundir as fronteiras entre "metodologia" – tomada em sentido estrito –, "disciplina/área própria" ou mera "técnica" de arquivamento de dados. Muitas vezes, essas três caracterizações têm sido mobilizadas quando se discute a natureza da História Oral.

Mas há que se esboçar algumas considerações acerca dos procedimentos que vêm caracterizando os trabalhos que se inscrevem academicamente como "trabalhos em História Oral". Mais que isso, é preciso delinear como, em Educação Matemática, os pesquisadores têm se valido desse recurso em suas investigações. Não se trata – e isso seria contrário a toda nossa trama de negociação tecida até agora – de explicitar uma regulamentação acerca do uso da História Oral. Ao invés disso, tratarei de relatar possíveis momentos dessa metodologia, considerando suas limitações, dificuldades, vantagens e potencialidades, à luz de pesquisas já desenvolvidas: a isso temos chamado "uma regulação metodológica" (GARNICA, 2003).

A História Oral e a Educação Matemática: brevíssimo inventário e seus "momentos" metodológicos

Um primeiro passo para estudar a interface História Oral/ Educação Matemática é inventariar os trabalhos que explicitamente assumiram inscrever-se nessa opção. Alguns inventários dessa natureza já foram feitos e seria redundante reapresentá-los aqui. Mas um estudo dessas produções permite afirmar que os procedimentos utilizados nas pesquisas em História Oral e Educação Matemática podem ser sistematizados em alguns "momentos" de ação, cuja configuração é maleável porque dependente de muitos fatores, como a maturidade e o estilo de cada pesquisador. Além disso, operam na configuração desses procedimentos os pressupostos teórico-filosóficos que cada um dos pesquisadores traz, pressupostos esses vinculados àqueles próprios à "nova" concepção de História e Historiografia que tratamos de explicitar no início deste texto. Uma regulação desses "momentos" pode ser esboçada em dois níveis: um relativo à coleta de depoimentos e outro, subsequente, relativo ao tratamento das informações coletadas.

No primeiro nível trata-se, inicialmente, de optar por um grupo de depoentes julgados significativos para o tema da pesquisa, contactá-los e, se aceitos os convites para participação no projeto, entrevistá-los a partir de um roteiro que, embora previamente determinado, é aberto o suficiente para aproveitar as várias experiências relatadas por esses depoentes. Quanto à opção pelos depoentes, o chamado "critério de rede" – um colaborador sugere ao pesquisador a pertinência do depoimento de outra pessoa, construindo assim uma rede de colaboradores – é bastante utilizado.

Um estudo prévio deve ser feito quando sistematizando as perguntas ou sugestões que compõem o roteiro da entrevista, posto que elas podem fazer vir à tona elementos que a memória do depoente esquece voluntária ou involuntariamente. Um roteiro pode/deve ser revisto e reelaborado para uma segunda entrevista:

um primeiro contato pode não ser suficiente e, além disso, uma entrevista pode sugerir questões adicionais para uma próxima, com outro depoente. Dois fatores são preponderantes para determinar o encerramento das sessões de entrevista: a decisão do próprio depoente e a do próprio pesquisador, quando ambos julgam que as informações disponíveis são significativas o suficiente para o que se deseja elaborar. O depoente pode interromper a entrevista quando desejar, independente do motivo (nesse sentido, é ele quem comanda o encontro embora com seu roteiro e intenções o entrevistador dispute com ele essa posição de comando. Toda entrevista é – e não apenas por isso – um embate).[6] O primeiro contato com o depoente deve considerar seu estado de saúde – posto que não raras vezes os colaboradores são pessoas com idade avançada – e, em alguns casos, uma consulta à família do colaborador é decisiva para negociar a possibilidade da entrevista.

O segundo nível, aquele do tratamento "técnico"[7] das informações, é bastante demorado e exige novos contatos com os depoentes. Tendo sido feitas as entrevistas, o pesquisador tratará de elaborar um texto escrito a partir daqueles dados orais coletados nas gravações. A elaboração desse texto constitui a entrada nesse segundo nível, e ela não ocorre linear ou estaticamente, comportando, ela própria, diferentes momentos de elaboração. Os pesquisadores têm chamado de transcrição, de gravação ou textualização a primeira fase dessa elaboração textual, quando o pesquisador cuida de registrar, por escrito, tão exatamente quanto possível, o material gravado.

---

[6] Quanto mais aumenta nossa experiência quanto à coleta de depoimentos, mais vemos quão sem sentido é o desejo de impor normas a essa situação. Todas as nossas intenções de estabelecer regras para "dominar o cenário" esboroam já na primeira entrevista em que se tenta aplicar essas regras ensaiadas. Por isso, um encontro de entrevistadores relatando episódios de suas entrevistas é sempre algo muito enriquecedor e até mesmo, em muitos casos, divertido.

[7] Esse segundo nível – disparado quando o pesquisador, terminada(s) a(s) entrevista(s), tem à mão a gravação – tem também dois momentos: um deles – que talvez inapropriadamente chamarei de "técnico" – trata do trabalho com a transformação da oralidade em texto escrito para a constituição da fonte. A análise da fonte para a construção da narrativa do pesquisador sobre seu tema de pesquisa pode, então, ser considerada como o segundo momento de tratamento das informações disponíveis. A oralidade, assim, é nosso ponto de partida para a compreensão. A escrita, nosso ponto de partida para a análise formal.

Para simplificar o uso dos termos, tenho optado por chamar de transcrição ou de gravação esse primeiro momento, reservando o termo "textualização" aos momentos posteriores. A implementação de um ou mais momentos de textualização (ou mesmo a opção por trabalhar apenas com a transcrição) é opção do pesquisador. As concepções que sustentam as práticas que aqui descrevo, entretanto, possibilitam afirmar que essa opção é uma questão de gosto, de estilo do pesquisador, posto que não se pode afirmar que de uma forma de textualização resultaria a "melhor" fonte, ou a fonte "mais apropriada" para servir às análises posteriores. No caminho entre a oralidade e a textualização ficam escondidas algumas cicatrizes do discurso? Certamente. Como desvelá-las? Não sabemos. Ainda. De certo temos apenas que todo evento é evanescente e que linguagem alguma recupera o evento como ele ocorreu. O filme e a gravação de um evento não são, propriamente, o evento; são seu filme e sua gravação, que vão se abrir em significados possíveis aos que o assistirem e ouvirem, como ele próprio, o evento, se abriu em significação quando, no passado, ocorreu. As cicatrizes nos discursos, portanto, são inevitáveis em qualquer forma de comunicação e são, assim, parte intrínseca da experiência humana. Mas cada registro nos permite algumas compreensões. Diferentes registros não são manifestações distintas de uma mesma coisa, são distintos registros, todos eles se abrindo à significação quando examinados.

A textualização começa quando o texto já está transcrito. Uma primeira textualização consiste em livrar a transcrição daqueles elementos próprios à fala, evitando as repetições desnecessárias – mas comuns aos discursos falados – e os vícios de linguagem. Num momento seguinte, as perguntas são fundidas às respostas, constituindo um texto escrito mais homogêneo, cuja leitura pode ser feita de modo mais fluente. É também possível, nessa primeira sistematização, que o pesquisador altere a sequência do texto, optando por uma linha específica, seja ela cronológica ou temática. Os momentos da entrevista são, assim, "limpos", agrupados e realocados no texto escrito. Palavras, frases e parágrafos podem ser reordenados, retirados ou acrescentados, ora com o intuito de dizer o que não foi dito literalmente (muitas vezes, o colaborador não termina a frase. Sua entonação acompanhada de silêncio, entretanto, permite entender claramente o que seria dito depois), ora para "limpar" as repetições de uma mesma frase ou expressão (vícios de linguagem: "né", "tá", "ok"...); ora em função da clareza do escrito (quando, por exemplo, o colaborador utiliza-se de expressões que possuem diferentes significados no oral e no escrito). O pesquisador, entretanto, deve importar-se menos com essa limpeza e reordenação e mais em esforçar-se para preservar o "tom", o fraseado, a "música" da fala do depoente, na tentativa de não descaracterizá-lo. Porém, essas insinuações do pesquisador, no texto, mesmo cercadas de cuidados, não são feitas impunemente: com a textualização constitui-se um texto em colaboração, em coautoria, mas uma coautoria na qual o pesquisador – invertendo aquela situação do embate pesquisador/depoente no momento da(s) entrevista(s) – toma a dianteira. Não é mais o texto do depoente mas, sim, um texto do pesquisador, elaborado à luz das falas dos colaboradores. A essa primeira textualização podem seguir outras. Meihy aponta, inclusive, a possibilidade de uma "transcriação", momento de uma textualização mais radical, no qual os depoimentos são tratados mais livre e literariamente, como que numa "teatralização da linguagem". O processo de textualização encontrará fundamento na própria (re)definição de "documento", cuja constituição é, exatamente, sua proposta. Documentos, segundo essa concepção, são enunciações sob a perspectiva do depoente, são registros feitos a partir das memórias dos depoentes coletadas por um pesquisador. E a memória costura os tempos, não compreendendo com exatidão suas passagens. As reminiscências são compostas para dar sentido à vida passada e presente. Para Thompson (1988), "composição" é o termo adequado, ainda que ambíguo, para descrever a constituição das lembranças, pois compomos os dados de nossa memória com signos e significados diferentes, embora traduzindo noções comuns ao grupo social ao qual pertencemos. Desse modo, selecionar ou esquecer, divulgar ou silenciar são manipulações conscientes ou inconscientes, decorrente de fatores diversos que afetam a memória, fazendo que esta costure os "fatos", o que ocorre tanto na enunciação oral quanto no registro dessas enunciações, independentes de quantas forem as "fases" da textualização.

Terminadas as textualizações, elaborada a fonte – agora disponível em laudas –, o pesquisador volta aos seus depoentes munido dessas textualizações e da transcrição. Os colaboradores, então, conferem o que foi feito, propõem alterações – sejam na forma de complementações ou vetos – e, finalizada essa fase de negociação acerca da configuração "final" do texto, é assinada uma carta de cessão de direitos, na qual fica explicitado como aqueles textos podem ser utilizados pelo pesquisador. Essa carta de cessão, embora tenha peso jurídico, pode ser de redação simples, desde que aceita pelo colaborador. Muitas vezes, esse processo de conferência e legitimação é longo e requer várias reuniões entre pesquisador e depoentes. Isto se deve tanto ao cuidado que os depoentes têm com suas enunciações – e tanto maior será esse cuidado quanto maior for a posição social/profissional do depoente – quanto com uma dificuldade, comumente detectada, que o depoente tem de abandonar a posição de personagem.

Para alguns pesquisadores, a participação da História Oral numa investigação estaria concluída com a constituição dos documentos. Para outros, a análise desses documentos pelo oralista é parte essencial do processo de pesquisa. Penso que a opção pelo método já impõe algumas diretrizes que condicionam a trama investigativa e que, portanto, o processo de análise já foi iniciado quando, de início, optou-se por alguns depoentes (e não outros), por uma questão geradora (e não outra), por uma forma de textualização (e não outra). As ferramentas e o apoio teórico para a análise podem ser buscados em vários autores, em distintos campos do conhecimento, mas as opções respondem a uma intenção e transitam num espaço de certa forma já configurado a partir dos princípios que levaram o pesquisador a optar por conduzir sua investigação usando a História Oral.

Deve-se reconhecer, entretanto, que, como em qualquer modalidade de pesquisa qualitativa, "análise" é um conceito de difícil configuração. A análise não é um momento estanque e muito menos um modo de "julgar" depoimentos (sendo relatos da memória, essas descrições e narrativas não devem ser meramente "recorta-das" – com a função de servirem à exemplificação – ou julgadas verdadeiras ou falsas, boas ou ruins, certas ou erradas). A partir dos relatos coletados podem ser detectadas tendências que o pesquisador cuidará de apresentar e, tanto quanto for possível a ele, munido de seus referenciais, discutir (essa forma tem sido chamada de "análise paradigmática de narrativas"). A partir dos relatos, sem mesmo detectar formalmente tendências, o pesquisador pode constituir uma narrativa sobre seu tema, sobre o que aprendeu com os depoimentos que coletou (essa forma tem sido chamada de "análise narrativa de narrativas").[8] Seja qual for a opção, as análises são um momento da pesquisa no qual o pesquisador presentifica-se mais radicalmente como autor. Muitas vezes, os depoentes, ao narrarem suas experiências – que são suas e, portanto, intransferíveis como experiências – dão ao pesquisador elementos para que este compreenda aspectos de sua realidade até então não pensados, não estudados, não esquadrinhados, não inventariados. Caberá ao pesquisador detectar esses momentos a partir dos significados que atribui ao que o depoente diz, momentos que, ele próprio e seu grupo ou outros pesquisadores podem levar à frente, encaminhando outras pesquisas e abrindo possibilidades de entender seu entorno.

Referências

BLOCH, M. *Apología para la historia o el oficio de historiador*. México: Fondo de Cultura Económica, 2001.

BOGDAN, R.; BIKLEN, S.K. *Investigação qualitativa em educação: uma introdução à teoria e aos métodos*. Porto: Porto Editora, 1991.

BOLÍVAR, A. "De nobis ipse silemus?": Epistemology of Biographical Narrative Research in Education. *Revista Electrónica de Investigación Educativa*, v. 4. n. 1, 2002. Disponível em: <http://redie.uabc.mx/vol4no1/contentsbolivar.html>. Acesso em: 7 fev. 2011.

BOLÍVAR, A.; DOMINGO, J.; FERNÁNDEZ, M. *La investigación biográfico-narrativa*

---

[8] As expressões "análise narrativa de narrativas" e "análise paradigmática de narrativas" são de Bolívar (2002).

en educación. Guía para indagar en el campo. Granada: Force/Grupo Editorial Universitario, 1998.

DUNAWAY, D.K.; BAUM, W.K. (ed.). *Oral History: An Interdisciplinary Anthology.* New York: Altamira Press, 1996.

ENCICLOPÉDIA EINAUDI. *Método - Teoria/Modelo.* v. 21. Portugal: Imprensa Nacional – Casa da Moeda, 1992.

JOUTARD, P. *Esas voces que nos llegan del pasado.* Buenos Aires: Fondo de Cultura Económica, 1999.

LANGEMANN, E.C. *A Elusive Science: The Troubling History of Educational Research.* Chicago: The University of Chicago Press, 2000.

LARROSA, J.; ARNAUS, R; FERRER, V.; PÉREZ, N. *Déjame que te cuente – Ensayos sobre narrativa y educación.* Barcelona: Editorial Laertes, 1995.

LE GOFF, J. *A história nova.* São Paulo: Martins Fontes, 1990.

MARCUSCHI, L.A. *Da fala para a escrita: atividades de retextualização.* São Paulo: Cortez, 2001.

MEIHY, J.C.S.B. *Manual de história oral.* São Paulo: Loyola, 1996.

PORTELLI, A. *The Death of Luigi Trastulli and Other Stories – Form and Meaning in Oral History.* New York: State University of New York Press, 1991.

REIS, J.C. *Escola dos Annales – a inovação em História.* São Paulo: Paz e Terra, 2000.

SANTAMARINA, C.; MARINAS, J.M. Historias de vida e historia oral. *In*: DEL-GADO, J.M.; GUTIÉRREZ, J.(Org.). *Métodos y técnicas cualitativas de investigación en ciencias sociales.* Madri: Editorial Síntesis, 1994. p. 257-285.

SOUZA, A.C.C.; SOUZA, G.L.D. Cotidiano e Memória. *Teoria e Prática da Educação*, Maringá, v. 4, n. 8, p. 63-72, mar. 2001.

SOUZA, A.C.C. Memórias e Paisagens: trilhas e caminhos para a formação de professores. *In*: BICUDO, M.A.V. (org.). *Formação de Professores: da incerteza à compreensão.* Bauru: USC, 2003. p. 85-118.

THOMPSON, P. *The Voice of the Past.* 3. Ed. Oxford/New York: Oxford University Press, 1988.

Capítulo IV

Pesquisa qualitativa e pesquisa qualitativa segundo a abordagem fenomenológica

Maria Aparecida Viggiani Bicudo[1]

Considero que, para falar em *pesquisa qualitativa*, é preciso esclarecer o que se busca ao pesquisar e em que sentido se fala em *qualitativo*.

No senso comum, o qualitativo é entendido como o oposto ao quantitativo. Um falando de qualidade e tendo a ver com o subjetivo, com o sentimento, com opiniões acerca das coisas do mundo. O outro, quantificando aspectos objetivos sobre essas mesmas coisas.

Buscando ir além do senso comum, o que se tem?

Abbagnano[2] afirma que quantidade, em geral, é possibilidade de medida.

> É este o conceito que fizeram dela Platão e Aristóteles. Platão afirmou que a quantidade está entre o ilimitado e a unidade, e que só ela é objeto do saber; por exemplo, aquele que é versado no que diz respeito aos sons não admite que os sons

---

[1] Professora Titular de Filosofia da Educação, IGCE – Instituto de Geociências e Ciências Exatas, UNESP, Rio Claro. Professora da Universidade do Sagrado Coração – USC, Bauru, SP. E-mail: mariabicudo@uol.com.br

[2] ABBAGNANO, N. *Dicionário de filosofia*, p. 786.

são infinitos nem procura reduzi-los a um único som, mas conhece a quantidade deles, isto é, seu número (Fil. 17a, 18b). Aristóteles, por sua vez, definiu a quantidade como aquilo que é divisível em partes determinadas ou determináveis. Uma quantidade numerável é uma pluralidade, que é divisível em partes discretas. Uma qualidade comensurável é uma grandeza que é divisível em partes contínuas, em uma ou duas ou três dimensões. Uma pluralidade completa é um número, um comprimento completo é uma linha, uma extensão completa é um plano e uma profundidade é um corpo (met.V, 13, 1027 a 2).[3]

Na Matemática, *quantidade* tornou-se sinônimo de grandeza, termo esse

> [...] que é específico de um certo campo de indagação e que depende da escolha oportuna da unidade de medida. Portanto, a quantidade como categoria ou conceito generalíssimo no qual coincidem os objetos disparatados das ciências positivas; isto é, a sua possibilidade de serem submetidos à medida.[4]

Estando a Matemática no âmago da racionalidade da ciência, nutrindo seus procedimentos de investigação, compreende-se por que a pesquisa quantitativa assume preponderância.

Entretanto, uma indagação que desarranja esse cenário é como se passa da *qualidade à quantidade* ou o que se faz ao passar-se da qualidade à quantidade? Ainda citando Abbagnano:

> A tendência geral do pensamento científico para reduzir a qualidade à quantidade foi interpretada de maneira singular por Hegel, que falou em uma linha nodal de relações de medida". A mudança gradual da quantidade levaria a um certo ponto (ponto ou linha nodal) à mudança da qualidade; e a mudança gradual desta nova qualidade levaria a um outro ponto nodal, e assim por diante. Hegel observava que do lado qualitativo, a passagem para uma nova qualidade "é um salto: as duas

---

[3] ABBAGNANO, N. *Dicionário de filosofia*, p. 786.

[4] ABAGNANO, N. *Dicionário da língua portuguesa*, p. 786.

qualidades são postas de modo completamente extrínseca uma em ralação à outra".[5]

Ampliando a explicação, é importante focar qualidade.

No vocabulário comum, qualidade é uma propriedade, atributo ou condição das coisas ou das pessoas capaz de distingui-las das outras e de lhes determinar a natureza.[6] Entretanto, para compreender esse significado atribuído à qualidade na região do pensar filosófico, é preciso voltar a Aristóteles e abordar também o pensamento de Locke.

De acordo com Abbagnano,[7] a noção de qualidade é extensa e dificilmente pode ser reduzida a um conceito unitário. Pode-se, antes, dizer que ela compreende uma família de conceitos que têm em comum a função puramente formal de poder ser empregados como resposta à pergunta "qual?".

> Desta família, Aristóteles distinguiu quatro membros; e esta é ainda a melhor exposição que se possa dar ao conceito qualidade.
>
> 1. Em primeiro lugar, entendem-se por *qualidade* os hábitos e as disposições que se distinguem um do outro, porque o hábito é mais estável e duradouro que a disposição. São hábitos, a temperança, a ciência e em geral as virtudes, são disposições a saúde, a doença, o calor, o frio etc. [...]
>
> 2. Nessa segunda espécie, *qualidade* é o que consiste numa capacidade ou incapacidade natural; e neste sentido fala-se em pugilistas, em corredores, em são, em doentes etc.. [...]
>
> 3. O terceiro gênero de *qualidade* é constituído pelas afeições[8] e suas consequências: estas são as qualidades sensíveis próprias e verdadeiras (cores, sons, sabores etc..) [...]

---

[5] ABAGNANO, N. *Dicionário da língua portuguesa*, p. 786.

[6] FERREIRA. Aurélio B. H. *Novo dicionário da língua portuguesa*, p. 1175.

[7] ABBAGNANO, N. Op. cit., p. 784.

[8] O termo afeição aqui está empregado como afecção, isto é, no sentido de ser afetado por. (nota da autora)

4. A quarta espécie de qualidade é constituída pelas formas ou determinações geométricas, por exemplo, pela figura (quadrado, círculo etc.) ou pela forma (retilínea, curvilínea) [...][9]

Abbagnano afirma que pouco ou nada foi acrescentado, no curso ulterior da história da filosofia, a essas distinções aristotélicas. Eliminando o que é devido a sua conexão com a *Metafísica* desse autor, diz que se podem simplificar os quatro grupos e caracterizá-los do seguinte modo:

- determinações *disposicionais*, que compreendem disposições, hábitos, costumes, capacidades, faculdades, virtudes, tendências ou qualquer forma que se queiram chamar as determinações constituídas pela possibilidade do objeto;

- determinações *sensíveis*, isto é, as determinações simples ou complexas que são fornecidas por instrumentos orgânicos, cores, sons, sabores etc.

- determinações *comensuráveis*, isto é, as determinações que podem ser submetidas a métodos objetivos de medida: número, extensão, figura, movimento etc.

Essas duas últimas determinações são as qualidades tradicionalmente distintas no discurso filosófico como *primárias e secundárias*. Remontam a Demócrito,[10] foram retomadas por vários pensadores, mas difundidas na filosofia europeia por Locke.[11] As *primárias* ou *primeiras* são as propriedades geométricas e mecânicas dos corpos, consideradas inseparáveis do próprio conceito de corpo, como, por exemplo, a extensão, a impenetrabilidade. As secundárias são propriedades que, por abstração, se podem suprimir sem que se destrua o conceito de corpo, como, por exemplo, o peso, a cor, o sabor etc. O que as distingue é a possibilidade de, ao subtrair as *secundárias*

---

[9] ABBAGNANO, N. *Dicionário de filosofia*, p. 784.

[10] ABBAGNANO, N. *Dicionário de filosofia*, p. 785.

[11] BREHIER, E. *História de la filosofia*.

das *primárias*, chegar ao que é objetivo ou *real*. Nesse caso, pode-se inclusive chegar a determinações comensuráveis desse "objetivo". Às *qualidades secundárias* cabem determinações sensíveis.

É importante observar que essa distinção foi combatida. Berkeley,[12] por exemplo, procura mostrar que nem mesmo as qualidades primárias são objetivas, mas que todas são igualmente subjetivas.

É nesse campo de significados que o *quantitativo* e o *qualitativo* se situam.

O *quantitativo* tem a ver com o objetivo passível de ser mensurável. Ele carrega consigo as noções próprias ao paradigma positivista, que destaca como pontos importantes para a produção da ciência a razão, a objetividade, o método, a definição de conceitos, a construção de instrumentos para garantir a objetividade da pesquisa. Embutida no seu significado está, também, a ideia de racionalidade entendida como quantificação.

> Na lógica designa-se com quantificação a operação mediante a qual, usando símbolos chamados quantificadores, determina-se o âmbito ou extensão de um termo da proposição [...].[13]

Esse entendimento se expande para a ideia de rigor, característica importante de qualquer pesquisa. Naquela que trabalha com dados quantificáveis, o rigor é sustentado pela lógica presente na articulação de suas proposições – e isso também se mantém para qualquer tipo de pesquisa –, pela precisão dos instrumentos construídos para medirem-se os dados investigados e pela aplicação de quantificadores a uma fórmula, possibilitando cálculos.

O *qualitativo* engloba a ideia do subjetivo, passível de expor sensações e opiniões. O significado atribuído a essa concepção de pesquisa também engloba noções a respeito de percepções de diferenças e semelhanças de aspectos comparáveis de experiências, como, por exemplo, da vermelhidão do vermelho etc. Entende-se

---

[12] ABBAGNANO, N. *Dicionário de filosofia*, p. 785.

[13] *Idem*, p. 786.

que a noção de rigor não seria aplicável a dados qualitativos, uma vez que a eles faltaria precisão e objetividade, dificultando ou impossibilitando a aplicação de quantificadores.

Hoje, quando se atribuem os adjetivos quantitativo e qualitativo à pesquisa, está-se fazendo uma distinção que não dá conta das questões metafísicas pertinentes a esse tema, mas fica-se em torno de questões concernentes aos paradigmas de investigação. Ou seja, não se responde à pergunta se o investigado pode ser submetido à mensuração, nem se pergunta sobre qual unidade de medida seria pertinente à mensuração da objetividade enfocada, nem se questiona se o investigado requer abordagens que permitam chegar a determinações sensíveis que digam de propriedades de estados mentais ou de eventos, de estados perceptivos, de experiências pessoais etc. E, o mais importante, ainda que essas questões sejam colocadas, e muitas vezes o são, a interrogação que persiste para além das respostas passíveis de ser dadas é:

> [...] o investigado doa-se diretamente à investigação? Permite-se quantificar? Permitem-se determinações sensíveis de suas propriedades?

Com essas indagações feitas, não falarei de paradigmas, mas de atitudes assumidas diante da realidade que, por sua vez, refletem concepções de mundo e de ciência; portanto, de investigações possíveis. Entendo que é a partir dessa perspectiva que se pode distinguir a pesquisa qualitativa, segundo uma abordagem fenomenológica de pesquisa qualitativa.

Entendo que se pode fazer pesquisa qualitativa seguindo as distinções entre *quantitativo* e *qualitativo*, destacando este último a partir de procedimentos e concepções alternativas em relação ao paradigma positivista.

Para tanto, em vez de privilegiar a sistematicidade garantida por um método determinado, a objetividade dada pela neutralidade do investigador e pela consistência dos dados tratados, a racionalidade explicitada como quantificação, a definição prévia de conceitos e a construção de instrumentos para garantir a objetividade da pesquisa, privilegiam-se descrições de experiências, relatos de compreensões, respostas abertas a questionários, entrevistas com sujeitos, relatos de observações e outros procedimentos que deem conta de dados sensíveis, de concepções, de estados mentais, de acontecimentos etc. O *rationale* subjacente a esse modo de pesquisar é dado pela intenção de atingir aspectos do humano sem passar pelos crivos da mensuração, sem partir de método previamente definido e, portanto, sem ficar preso a quantificadores e aos cálculos decorrentes.

Entendo ser nesse sentido que Lincoln e Guba[14] afirmam:

> Este livro é sobre um desafio. Descreve um paradigma alternativo que, através de um acidente histórico, agora está viajando sob o nome 'naturalístico'. Tem outros nomes como, por exemplo: o pós-positivístico, etnográfico, fenomenológico, subjetivo, estudo de caso, qualitativo, hermenêutico, humanístico.

E, mais adiante, afirmam:

> não é possível dar uma definição simples do que seja naturalismo [...] O que ressalta para nós é que, primeiro, nenhuma manipulação por parte do investigador é implicada e, segundo, o investigador não impõe uma unidade a priori no resultado final. Investigação naturalística é o que o investigador naturalístico faz, e esses dois princípios são as diretivas primeiras.[15]

Esses princípios são suficientemente amplos para abrangerem um campo vasto de modalidades de pesquisa. Essa abrangência é fortalecida quando se analisam as crenças básicas e os princípios associados ao novo paradigma. Citando os autores mencionados, a tabela apresentada a seguir[16] ilustra essa afirmação.

---

[14] LINCOLN, Y. S.; GUBA, E. G. *Naturalistic inquiry*, p. 7. (tradução da autora)

[15] LINCOLN, Y. S.; GUBA, E. G. *Naturalistic inquiry*, p. 8. (tradução da autora)

[16] LINCOLN, Y. S.; GUBA, E. G. *Naturalistic inquiry*, p. 56. (tradução da autora)

TABELA 1

Crenças básicas e princípios associados do novo paradigma

Novo paradigma crenças básicas	Princípios associados
Complexo	Entidades do mundo-real são uma porção diversa de sistemas e organismos complexos.
Hetero-hierárquico	Sistemas e organismos experienciam muitas ordenações simultâneas e potencialmente dominantes – nenhuma das quais é ordenada "naturalmente".
Holográfico	Imagens de sistemas e de organismos são criadas por um processo dinâmico de interação que é (metaforicamente) similar ao hológrafo, cujas imagens tridimensionais são armazenadas e recriadas pelos padrões de interferência dos feixes-laser.
Indeterminado	Estados futuros dos sistemas e organismos são em princípio imprevisíveis.
Mutuamente causal	Sistemas e organismos evoluem e mudam juntos de tal maneira (com retroalimentação e pós-alimentação) que tornam a distinção entre causa e efeito sem sentido.
Morfogenético	Novas formas de sistemas e organismos imprevistos (e imprevisíveis) podem, a partir de qualquer de suas partes, surgir espontaneamente sob condições de diversidade, abertura, complexidade, causalidade mútua e indeterminação.
Perspectival	Processos mentais, instrumentos e mesmo disciplinas não são neutros.

Os princípios associados do novo paradigma falam do mundo real e de como a realidade é constituída. Falam, também, do caráter de perspectiva do conhecimento, ao negar a neutralidade dos processos mentais, dos instrumentos e das disciplinas.

A investigação dessa realidade é que está em jogo ao definir-se um paradigma de pesquisa. Privilegiar aspectos qualitativos é uma possibilidade de investigá-la.

Isso pode ser feito sem que haja uma modificação na atitude do pesquisador em relação à realidade. Há o sujeito que investiga, que, sendo parte da realidade, busca estudá-la segundo uma relação que se estabelece entre sujeito e realidade. Daí poder descrever, observar e relatar o observado em uma atitude natural, do mesmo modo que se podem medir grandezas; portanto, quantificar, em uma atitude natural.

Conforme meu entendimento, é aqui que se diferencia a *pesquisa qualitativa da pesquisa qualitativa que procede segundo uma abordagem fenomenológica*. O ponto que aproxima ambas está no qualitativo e em muitos recursos utilizados para investigar; está em muitos aspectos presentes na descrição da realidade, está no olhar em perspectiva. O que as diferencia é a pedra angular da Fenomenologia: a intencionalidade e a atitude dela decorrente que já não é mais natural.

Buscando esclarecer o acima afirmado, mencionarei o significado de *intencionalidade* e, a seguir, o da *atitude natural* e o da *fenomenológica*.

Para a Fenomenologia, a intencionalidade é a essência da consciência, ou seja, sua caraterística peculiar. Vem do verbo latino *intendo, tendi, tentum, ere*, que quer dizer tender em uma direção, estender, tender para, abrir, tornar atento, aumentar, sustentar, dar intensidade, afirmar com força.[17] Esses significados permitem que se compreenda consciência como expansão para o mundo, abrindo-se para... Aqui está a diferença entre o significado comumente atribuído à consciência, entendida como coisa, como recipiente, como

---

[17] GAFFIOT, F. *Dictionnaire latin/française*.

formadora, como parte do mundo, e consciência entendida pela Fenomenologia como intencionalidade, como movimento de estender-se a algo... Esse algo não se refere apenas ao visualmente presente, mas abrange o próprio movimento de efetivação ou de desejo de efetivação do ato em que a vivência ou a experiência se dá.

Ao efetuar esse movimento de voltar-se para..., de estender-se a..., ela, a consciência, já enlaça o objeto de suas vivências e, com isso, esse objeto é sempre intencional. É nisso que se encontra o âmago da diferença entre a atitude natural e a atitude fenomenológica. Para a Fenomenologia, então, todo objeto é intencional e, portanto, correlato à consciência.

Um ponto importante para entender a diferença entre essas atitudes é buscar o significado de coisa para ambas.

As coisas do mundo natural

> [...] são concebidas como conteúdos positivos pensáveis como distintos, por princípio dos fenômenos ou manifestações.[18]

Nessa atitude, são tomadas como objeto tanto a coisa que se torna objeto para o sujeito quanto a consciência que opera relações desse conhecimento. Isso significa que o Eu e suas experiências subjetivas são assumidos como coisas em si, como parte do mundo. E o mundo é representado por imagens ou por signos.

Na *atitude fenomenológica*, a coisa não é tida como sendo em si, uma vez que:

1) não está além da sua manifestação e, portanto, ela é relativa à percepção e dependente da consciência;

2) a consciência não é parte ou região de um campo mais amplo, mas é ela mesma um todo que é absoluto, não dependente, e que não tem nada fora de si.[19]

A pesquisa qualitativa que procede segundo uma abordagem fenomenológica tem nesses dois pontos seus princípios primeiros.

---

[18] MOURA, C. A. R. *Crítica da razão fenomenológica*. p. 164.

[19] *Idem*, p. 170.

Ela busca a manifestação da coisa que se expõe na percepção e, portanto, é dependente da consciência. Mas consciência é movimento, é ato de expandir para, inclusive em sua própria direção. Esse movimento é o de voltar-se sobre seus próprios atos e se refere ao ato de refletir ou à reflexão; o primeiro é o de enlaçar as coisas presentes à sua volta.

É por isso que esse modo de pesquisar dá destaque à descrição. Descrição dos estados de consciência, o que significa dos atos vivenciais aos quais se está atento, percebendo-os em ação. Sempre é uma descrição daquele que *percebe* e para quem o mundo faz sentido. Trata-se, portanto, de uma investigação que ao mesmo tempo pesquisa a realidade mediante suas manifestações e torna o sujeito perceptor lúcido a respeito do sentido que o mundo faz para si, incluindo nessa lucidez a atentividade para com o sentido que o mundo faz para os outros com quem está.

Ao trabalhar com as manifestações da coisa na percepção de quem percebe, a Fenomenologia coloca em evidência a *linguagem*, entendida como expressão do sentir, e o *discurso*, entendido como articulação daquilo que faz sentido. Trabalha, desse modo, com o sentido e com o significado, com o "fazimento de sentido" e com a significação. Daí a importância que, para ela, assumem tanto a análise estrutural quanto a análise hermenêutica. A primeira se debruça sobre os aspectos da realidade presentes na manifestação. Trata-se dos invariantes, aos quais se chega pela redução, dos aspectos descritos *exaustivamente* pelos sujeitos investigados ao serem interrogados pelo pesquisador. A pergunta que leva à análise estrutural indaga "o que é isto...?", que assume diferentes modos, conforme o caso do que é interrogado. Os sujeitos descrevem as experiências vividas em que o fenômeno interrogado se manifesta. Pela *redução*, o pesquisador chega aos invariantes. Inicia-se, então, o movimento reflexivo, em que a pergunta posta é: que sentido esses *invariantes* fazem para mim, pesquisador, que interrogo, que significados lhes são atribuídos no campo da investigação pelos meus colegas investigadores, presentes ou não, e pelos sujeitos pesquisados? A compreensão e a interpretação estão em movimento de expansão, construindo, alimentando e sendo alimentadas pela rede de significados, estruturante da realidade.

A análise hermenêutica privilegia os significados social e historicamente atribuídos às manifestações do que, uma vez, foi compreendido na percepção, mas que se materializou nas palavras, constituindo o que Paulo Freire chama de palavra encarnada, nos textos, nos monumentos, enfim, na obra cultural.

Esses procedimentos exigem rigor. Solicitam abordagem qualitativa porque buscam manifestações na percepção, porque trabalham com a linguagem, com o discurso. Seus dados são sempre *subjetivos*, pois são percepções de um sujeito para quem o mundo faz sentido, mas também são *intersubjetivos,* porque são sempre objetos intencionais; portanto, são fruto do movimento de expansão da consciência dirigida para... o mundo... o outro. Isso quer dizer que, no horizonte do Eu, consciência que se expande, sempre está o *outro*, que também é intencionalidade. Porém, ambos são intencionalidades corpóreas, encarnadas e que se apresentam no corpo-próprio como desejo, como possibilidade de empatia, como fala, como expressão do sentir, enfim, como Leib,[20] ou seja, como corpo com movimento intencional. E, por serem expressos em linguagem e articulados no discurso, esses dados são também *objetivos*. Isso porque a linguagem envolve uma gramática, uma semântica e uma práxis, componentes que permitem a formalização de estruturas lógicas, a corporificação de estruturas mentais e a interpretação dos significados.

É esse o campo em que a pesquisa qualitativa, que procede de acordo com a abordagem fenomenológica, se movimenta, colocando suas interrogações, buscando seus dados, construindo sua rede de significados.

O mundo real é o mundo percebido. Mas não é um mundo subjetivo, nem relativo ao sujeito. É uma realidade concreta, porque estruturada na rede dos significados construídos histórica e

---

[20] *Leib* é distinguido de Körper por Edmund Husserl, conforme se encontra nas *Cartesian meditations an introduction to phenomenology*. *Leib* é entendido como corpo com movimento intencional, e Körper, como corpo físico. (nota da autora)

socialmente. Rede que se expande, que se transforma conforme a *perspectiva* pela qual é olhada. Olhada, porém, sempre de dentro da própria rede que, em última análise, é o mundo real vivido, dado como um círculo existencial hermenêutico onde tudo o que se quer é que ele faça sentido. Essa é a investigação primeira: o sentido que o mundo faz para cada um de nós e para todos ao mesmo tempo, pois são inseparáveis e totalizantes.

Referências

ABBAGNANO, N. *Dicionário de filosofia*. 2. ed. São Paulo: Mestre Jou, 1962.

BREHIER, E. *História de la filosofia*. Buenos Aires: Editorial Sudameris, s/d.

FERREIRA, A. B. H. *Novo dicionário da língua portuguesa*. Rio de Janeiro: Nova Fronteira, s/d.

GAFFIOT, F. *Dictionnaire latin/française*. Paris: Achette, 1934.

HUSSERL, E. *Cartesian meditations an introduction to phenomenology*. 6. ed. Martinus Nÿhoff, 1977.

LINCOLN, Y. S.; GUBA, E. G. *Naturalistic inquiry*. London: Sage Publications, 1995.

MOURA, C. A. R. *Crítica da razão fenomenológica*. São Paulo: Nova Stella, EDUSP, 1989.

Sobre os autores

Antonio Vicente Marafioti Garnica

Nasceu em Pederneiras, interior do Estado de São Paulo. Bacharel em Matemática, tem mestrado e doutorado em Educação Matemática pela UNESP de Rio Claro e pós-doutorado pela Indiana University Purdue University at Indianapolis, Indiana, Estados Unidos. Com Paulo Freire recebeu, em 1995, o Prêmio Moinho Santista (Juventude) em Ciências da Educação. Atua como professor do curso de Licenciatura em Matemática pela UNESP de Bauru e do Programa de Pós-Graduação em Educação Matemática da UNESP de Rio Claro.

Dario Fiorentini

É natural do Rio Grande do Sul. Durante mais de dez anos foi professor de matemática do ensino fundamental e médio no interior daquele estado. Trabalha na formação de professores de matemática desde a década de 80, primeiro na Universidade de Passo Fundo, RS, e depois na UNICAMP, em Campinas, SP. Atualmente é docente do Programa de Pós-Graduação em Educação, na área de Educação Matemática, na UNICAMP. Tem ativa participação nos debates sobre Educação Matemática e tem diversos livros e artigos publicados no Brasil e no exterior. Já fez estágio de pós-doutorado na Universidade de Lisboa em Portugal.

Jussara de Loiola Araújo

É natural de Belo Horizonte, MG. Tem licenciatura, bacharelado e mestrado em Matemática, pela UFMG, doutorado em Educação Matemática, pela UNESP, Rio Claro/SP, e pós-doutorado pela Universidade de Lisboa, Portugal. Já foi professora da Rede Municipal de Ensino de Belo Horizonte. Desde 1995, é professora do Departamento de Matemática da UFMG e, a partir de 2004, começou a fazer parte do corpo docente do Programa de Pós-Graduação em Educação da mesma universidade, orientando alunos de mestrado e doutorado. Ministra diversas disciplinas para cursos de graduação da área de Ciências Exatas, em particular para o curso de Licenciatura em Matemática (nas modalidades presencial e a distância), e para a pós-graduação em Educação.

Marcelo de Carvalho Borba

É natural do Rio de Janeiro, RJ, estudou matemática na UFRJ e fez mestrado na UNESP, Rio Claro, onde escreveu uma dissertação sobre Etnomatemática. Ministrou aulas em escolas dos ensinos fundamental e médio, assim como na PUC-RJ. Em seguida, se mudou para os Estados Unidos, onde fez doutorado em Educação Matemática na Universidade de Cornell, escrevendo uma tese sobre Informática e Educação Matemática. Desde 1993, é professor do Departamento de Matemática da UNESP, Rio Claro, onde ministra aulas na graduação e na pós-graduação em Educação Matemática. O autor, por curtos intervalos de tempo, já fez estágios de pós-doutorado, foi professor visitante e ministrou palestras convidadas em mais onze países. Em 2005, se tornou livre docente em Educação Matemática. O autor publicou diversos artigos no Brasil e no exterior.

Maria Aparecida Viggiani Bicudo

Nasceu em Londrina, Estado do Paraná. Bacharel e licenciada em Pedagogia, pós-graduada em Educação – Orientação Educacional, pela Universidade de São Paulo. Doutora em Ciências pela Faculdade de Filosofia, Ciências e Letras de Rio Claro, hoje UNESP. Fez pós-doutorado na Universidade da California, Berkeley, em Filosofia da Educação. Livre-docente em Filosofia da Educação pela

Faculdade de Letras, Ciências Sociais e Educação da UNESP, Campus de Araraquara. Professora visitante em universidades da Inglaterra e de Portugal. Professora titular em Filosofia da Educação do Instituto de Geociências e de Ciências Exatas, UNESP, Campus de Rio Claro. Autora de 25 livros. Pesquisadora do CNPq. Professora do Programa de pós-graduação em Educação Matemática da UNESP, Campus de Rio Claro. É também professora da Universidade do Sagrado Coração – USC, Bauru/SP.

Outros títulos da coleção
Tendências em Educação Matemática

A matemática nos anos iniciais do ensino fundamental – Tecendo fios do ensinar e do aprender
Autoras: *Adair Mendes Nacarato, Brenda Leme da Silva Mengali, Cármen Lúcia Brancaglion Passos*

Afeto em competições matemáticas inclusivas – A relação dos jovens e suas famílias com a resolução de problemas
Autoras: *Nélia Amado, Susana Carreira, Rosa Tomás Ferreira*

Álgebra para a formação do professor – Explorando os conceitos de equação e de função
Autores: *Alessandro Jacques Ribeiro, Helena Noronha Cury*

Análise de erros – O que podemos aprender com as respostas dos alunos
Autora: *Helena Noronha Cury*

Aprendizagem em Geometria na educação básica – A fotografia e a escrita na sala de aula
Autores: *Cleane Aparecida dos Santos, Adair Mendes Nacarato*

Brincar e jogar – enlaces teóricos e metodológicos no campo da Educação Matemática
Autor: *Cristiano Alberto Muniz*

Da etnomatemática a arte-design e matrizes cíclicas
Autor: *Paulus Gerdes*

Descobrindo a Geometria Fractal – Para a sala de aula
Autor: *Ruy Madsen Barbosa*

Diálogo e aprendizagem em Educação Matemática
Autores: *Helle AlrØ e Ole Skovsmose*

Didática da Matemática – Uma análise da influência francesa
Autor: *Luiz Carlos Pais*

Educação a Distância *online*
Autores: *Marcelo de Carvalho Borba, Ana Paula dos Santos Malheiros, Rúbia Barcelos Amaral*

Educação Estatística - Teoria e prática em ambientes de modelagem matemática
Autores: *Celso Ribeiro Campos, Maria Lúcia Lorenzetti Wodewotzki, Otávio Roberto Jacobini*

Educação Matemática de Jovens e Adultos – Especificidades, desafios e contribuições
Autora: *Maria da Conceição F. R. Fonseca*

Etnomatemática – Elo entre as tradições e a modernidade
Autor: *Ubiratan D'Ambrosio*

Etnomatemática em movimento
Autoras: *Gelsa Knijnik, Fernanda Wanderer, Ieda Maria Giongo, Claudia Glavam Duarte*

Fases das tecnologias digitais em Educação Matemática – Sala de aula e internet em movimento
Autores: *Marcelo de Carvalho Borba, Ricardo Scucuglia Rodrigues da Silva, George Gadanidis*

Filosofia da Educação Matemática
Autores: *Maria Aparecida Viggiani Bicudo, Antonio Vicente Marafioti Garnica*

Formação matemática do professor – Licenciatura e prática docente escolar
Autores: *Plinio Cavalcante Moreira e Maria Manuela M. S. David*

História na Educação Matemática – Propostas e desafios
Autores: *Antonio Miguel e Maria Ângela Miorim*

Informática e Educação Matemática
Autores: *Marcelo de Carvalho Borba, Miriam Godoy Penteado*

Interdisciplinaridade e aprendizagem da Matemática em sala de aula
Autores: *Vanessa Sena Tomaz e Maria Manuela M. S. David*

Outros títulos da coleção

Investigações matemáticas na sala de aula
Autores: *João Pedro da Ponte, Joana Brocardo, Hélia Oliveira*

Lógica e linguagem cotidiana – Verdade, coerência, comunicação, argumentação
Autores: *Nílson José Machado e Marisa Ortegoza da Cunha*

Linguagem matemática na educação infantil: experiências no território dos bebês e das crianças bem pequenas
Autores: *Klinger Teodoro Ciríaco e Priscila Domingues de Azevedo*

Matemática e arte
Autor: *Dirceu Zaleski Filho*

Modelagem em Educação Matemática
Autores: *João Frederico da Costa de Azevedo Meyer, Ademir Donizeti Caldeira, Ana Paula dos Santos Malheiros*

O uso da calculadora nos anos iniciais do ensino fundamental
Autoras: *Ana Coelho Vieira Selva e Rute Elizabete de Souza Borba*

Pesquisa em ensino e sala de aula – Diferentes vozes em uma investigação
Autores: *Marcelo de Carvalho Borba, Helber Rangel Formiga Leite de Almeida, Telma Aparecida de Souza Gracias*

Psicologia na Educação Matemática
Autor: *Jorge Tarcísio da Rocha Falcão*

Relações de gênero, Educação Matemática e discurso – Enunciados sobre mulheres, homens e matemática
Autoras: *Maria Celeste Reis Fernandes de Souza, Maria da Conceição F. R. Fonseca*

Tendências internacionais em formação de professores de Matemática
Organizador: *Marcelo de Carvalho Borba*

Vídeos na educação matemática: Paulo Freire e a quinta fase das tecnologias digitais
Autores: *Daise Lago Pereira Souto, Marcelo de Carvalho Borba e Neil da Rocha Canedo Junior*

Este livro foi composto com tipografia Palatino e impresso em papel Off-White 70 g/m² na Formato Artes Gráficas.